天然气
物理性质参数和水力计算

Physical Property Parameters and Hydraulic Calculation of Natural Gas

主　编◎苑伟民　贺　三　邵国亮

副主编◎黄　敏　张　帆　兰奇发　颜庆龙　叶国清　金美玲

参　编◎韩晋晋　杜　立　张琳智　于海龙　朱乾壮　姜　超

四川大学出版社

项目策划：胡晓燕
责任编辑：胡晓燕
责任校对：王　锋
封面设计：墨创文化
责任印制：王　炜

图书在版编目（CIP）数据

天然气物理性质参数和水力计算 / 苑伟民，贺三，邵国亮主编．— 成都 ：四川大学出版社，2020.9
ISBN 978-7-5690-3855-2

Ⅰ．①天… Ⅱ．①苑… ②贺… ③邵… Ⅲ．①天然气输送－管道运输－物理性质－研究②天然气输送－管道运输－水力计算－研究 Ⅳ．①TE832

中国版本图书馆 CIP 数据核字（2020）第 174595 号

书名　天然气物理性质参数和水力计算
TIANRANQI WULI XINGZHI CANSHU HE SHUILI JISUAN

主　　编	苑伟民　贺　三　邵国亮
出　　版	四川大学出版社
地　　址	成都市一环路南一段 24 号（610065）
发　　行	四川大学出版社
书　　号	ISBN 978-7-5690-3855-2
印前制作	四川胜翔数码印务设计有限公司
印　　刷	成都金龙印务有限责任公司
成品尺寸	185mm×260mm
印　　张	12
字　　数	290 千字
版　　次	2020 年 9 月第 1 版
印　　次	2020 年 9 月第 1 次印刷
定　　价	58.00 元

◆ 读者邮购本书，请与本社发行科联系。
电话：(028)85408408/(028)85401670/
(028)86408023　邮政编码：610065
◆ 本社图书如有印装质量问题，请寄回出版社调换。
◆ 网址：http://press.scu.edu.cn

四川大学出版社
微信公众号

内容提要

本书介绍了化工热力学、石油及天然气储运工程等专业涉及的名词术语、物理性质参数和水力计算等相关内容。以热力学参数计算、水力计算为主，对理论研究中的量纲分析等内容进行扩展应用；对天然气物理性质参数计算中用到的 SRK、PR、BWRS 状态方程及其计算模型做了介绍，对计算中涉及的密度、体积、压缩因子、焓、熵、比热、绝热指数、焦耳—汤姆逊系数、粘度等公式做了介绍和实例计算；水力计算中以稳态模拟为背景对其进行了介绍并做了实例计算，同时介绍了所用到的数值算法；最后对计算机辅助计算做了实例介绍。

本书可作为油气储运、燃气输配、空调与采暖、化学工程等相关专业的专科生、本科生、研究生的教学用书，也可供从事天然气管道输送、储存和生产管理及相关专业的技术人员作为参考用书。

前　言

本书综合运用流体力学、数值分析、计算机辅助计算等学科知识，对天然气物理性质参数计算和管道水力计算所用到的相关知识进行了介绍：讨论了状态方程及其求解的数值算法，讨论了焓、熵和比热的计算公式，研究了水力摩阻系数计算公式的进展，分析和研究了天然气管道输送稳态模型中常微分方程初值问题的求解方法并建立了稳态模型及其求解方法，最后分析了影响模型准确度的因素并提出解决问题的思路。

全书分为 10 章，第 1 章介绍基础常数及专业术语与数学知识，第 2 章介绍状态方程，第 3 章介绍焓、熵、比热的公式，第 4 章介绍热物性参数求解的数值方法，第 5 章介绍流量方程，第 6 章介绍常微分方程初值问题的数值解法、第 7 章介绍等温输气管道稳态模拟，第 8 章介绍非等温输气管道稳态模拟，第 9 章介绍模拟的准确度，第 10 章介绍计算机辅助计算。本书的编写由国家管网集团北海液化天然气有限责任公司苑伟民，西南石油大学贺三，广西广投燃气有限公司邵国亮，中国石油天然气股份有限公司西南油气田分公司天然气研究院，国家石油天然气大流量计量站成都分站，中国石油天然气集团公司天然气质量控制和能量计量重点实验室黄敏，中国寰球工程有限公司北京分公司张帆，国家管网集团深圳天然气有限公司兰奇发，北京市燃气集团有限责任公司金美玲，广西广投天然气管网有限公司颜庆龙、叶国清、韩晋晋、杜立，中石油大连液化天然气有限公司张琳智、于海龙、朱乾壮、姜超共同完成。

本书可作为油气储运、燃气输配、空调与采暖、化学工程等相关专业的专科生、本科生、研究生的教学用书，也可供从事天然气管道输送、储存和生产管理及相关专业的技术人员作为参考用书。

由于编者水平有限，书中难免存在一些不足和错误，欢迎广大读者对书中内容提出宝贵意见和建议，以便进行修改和更正，作者邮箱：yuanvmin@hotmail. com。

编　者

2020 年 7 月 1 日

序 言

目　录

第 1 章　基础常数及专业术语与数学知识

1.1　SI 单位和常用前缀缩写

本节列出的 SI 单位和常用前缀缩写参考佩里化学工程师手册、荷兰天然气公司相关资料和国际度量衡局于 2019 年 5 月 20 日生效的第 9 版国际单位制中的相关内容（见表 1−1～表 1−4）。

表 1−1　SI 基本单位

基本量（Base quantity）		基本单位（Base unit）	
名称（Name）	典型符号（Typical symbol）	名称（Name）	符号（Symbol）
时间（time）	t	秒（second）	s（小写字母）
长度（length）	l，x，r 等	米（metre）	m（小写字母）
质量（mass）	m	千克（kilogram）	kg（小写字母）
电流（electric current）	I，i	安培（ampere）	A（大写字母）
热力学温度（thermodynamic temperature）	T	开尔文（kelvin）	K（大写字母）
物质的量（amount of substance）	n	摩尔（mole）	mol（小写字母）
发光强度（luminous intensity）	I_v	坎德拉（candela）	cd（小写字母）

注：上表来源于国际度量衡局于 2019 年 5 月 20 日生效的第 9 版国际单位制。

表 1−2　SI 使用的基本量和量纲

基本量（Base quantity）	量的典型符号（Typical symbol for quantity）	量纲符号（Symbol for dimension）
时间（time）	t	T
长度（length）	l，x，r 等	L
质量（mass）	m	M

续表1-2

基本量 (Base quantity)	量的典型符号 (Typical symbol for quantity)	量纲符号 (Symbol for dimension)
电流（electric current)	I，i	I
热力学温度 (thermodynamic temperature)	T	Θ
物质的量 (amount of substance)	n	N
发光强度 (luminous intensity)	I_v	J

注：量纲符号均为大写字母。

表1-3　SI中衍生的基本单位

衍生量 (Derived quantity)	量的典型符号 (Typical symbol of quantity)	以基本单位表示的衍生单位 (Derived unit expressed in terms of base units)
面积（area)	A	m^2
体积（volume)	V	m^3
速度（speed，velocity)	υ	m/s
加速度（acceleration)	a	m/s^2
波数（wavenumber)	σ	m^{-1}
密度（density，mass density)	ρ	kg/m^3
表面密度（surface density)	ρ_A	kg/m^2
比容（specific volume)	ν	m^3/kg
电流密度（current density)	j	A/m^2
磁场强度 (magnetic field strength)	H	A/m
物质的量密度 (amount of substance concentration)	c	mol/m^3
质量密度（mass concentration)	ρ，γ	kg/m^3
亮度（luminance)	L_v	cd/m^2

表 1-4　SI 相关派生单位的示例

衍生量 (Derived quantity)	衍生单位的名称 (Name of coherent derived unit)	符号 (Symbol)	以基本单位表示的衍生单位 (Derived unit expressed in terms of base units)
动力粘度 (dynamic viscosity)	帕斯卡・秒 (pascal second)	Pa・s	kg/(m・s)
力矩 (moment of force)	牛顿・米 (newton metre)	N・m	$kg \cdot m^2/s^2$
表面张力 (surface tension)	牛顿每米 (newton per metre)	N/m	kg/s^2
角速度，角频率 (angular velocity, angular frequency)	弧度每秒 (radian per second)	rad/s	s
角加速度 (angular acceleration)	弧度每秒平方 (radian per second squared)	rad/s^2	s^2
热通量密度，辐照度 (heat flux density, irradiance)	瓦特每平方米 (watt per square metre)	W/m^2	kg/s^3
热容量，熵 (heat capacity, entropy)	焦耳每开尔文 (joule per kelvin)	J/K	$kg \cdot m^2/(s^2 \cdot K)$
比热容，比熵 (specific heat capacity, specific entropy)	焦耳每千克每开尔文 (joule per kilogram kelvin)	J/(kg・K)	$m^2/(s^2 \cdot K)$
比能 (specific energy)	焦耳每公斤 (joule per kilogram)	J/kg	m^2/s^2
导热系数 (thermal conductivity)	瓦特每米每开尔文 (watt per metre kelvin)	W/(m・K)	$kg \cdot m/(s^3 \cdot K)$
能量密度 (energy density)	焦耳每立方米 (joule per cubic metre)	J/m^3	$kg/(m \cdot s^2)$
电场强度 (electric field strength)	伏特每米 (volt per metre)	V/m	$kg \cdot m/(s^3 \cdot A)$
电荷密度 (electric charge density)	库仑每立方米 (coulomb per cubic metre)	C/m^3	$A \cdot s/m^3$
表面电荷密度 (surface charge density)	库仑每平方米 (coulomb per square metre)	C/m^2	$A \cdot s/m^2$
电通量密度，电位移 (electric flux density, electric displacement)	库仑每平方米 (coulomb per square metre)	C/m^2	$A \cdot s/m^2$
介电常数 (permittivity)	法拉每米 (farad per metre)	F/m	$s^4 \cdot A^2/(kg \cdot m^3)$

续表1－4

衍生量 (Derived quantity)	衍生单位的名称 (Name of coherent derived unit)	符号 (Symbol)	以基本单位表示的衍生单位 (Derived unit expressed in terms of base units)
渗透性 (permeability)	亨利每米 (henry per metre)	H/m	kg・m/(s²・A²)
摩尔能量 (molar energy)	焦耳每摩耳 (joule per mole)	J/mol	kg・m²/(s²・mol)
摩尔熵，摩尔热容 (molar entropy, molar heat capacity)	焦耳每开尔文每摩尔 (joule per mole kelvin)	J/(K・mol)	kg・m²/(s²・mol・K)
曝光（x 和 γ 射线） (exposure (x and γ rays))	库仑每千克 (coulomb per kilogram)	C/kg	A・s/kg
吸收剂量率 (absorbed dose rate)	戈瑞每秒 (gray per second)	Gy/s	m²/s³
辐射强度 (radiant intensity)	瓦特每球面度 (watt per steradian)	W/sr	kg・m²/s³
辐射 (radiance)	瓦特每球面度每平方米 (watt per square metre steradian)	W/(sr・m²)	kg/s³
催化活性浓度 (catalytic activity concentration)	卡塔尔每立方米 (katal per cubic metre)	kat/m³	mol/(s・m³)

注：表中示例的名称和符号包括具有特殊名称和符号的 SI 相关派生单位。

1.1.1　倍数（multiples）

倍数的 SI 单位见表 1－5。

表 1－5　倍数的 SI 单位

名称 (Name)	符号 (Symbol)	因子 (Factor)	名称 (Name)	符号 (Symbol)	因子 (Factor)
yotta	Y	10^{24}	deci	d	10^{-1}
zetta	Z	10^{21}	centi	c	10^{-2}
exa	E	10^{18}	milli	m	10^{-3}
peta	P	10^{15}	micro	μ	10^{-6}
tera	T	10^{12}	nano	n	10^{-9}
giga	G	10^{9}	pico	p	10^{-12}

续表1—5

名称 (Name)	符号 (Symbol)	因子 (Factor)	名称 (Name)	符号 (Symbol)	因子 (Factor)
mega	M	10^6	femto	f	10^{-15}
kilo	k	10^3	atto	a	10^{-18}
hecto	h	10^2	zepto	z	10^{-21}
deca	da	10	yocto	y	10^{-24}

注：在计算机领域，kB、MB、GB、TB、PB…与此类似，只是换算因子为 1024 而非 1000。

1.1.2　时间（time）

时间用符号 t 表示。常用时间的单位的换算关系为：

1 s=1 s

1 ks=1×10^3 s

1 ms=1×10^{-3} s

1 μs=1×10^{-6} s

1 ns=1×10^{-9} s

1 min=1×60 s

1 h=60 min=3600 s

1 d=24 h=86400 s

1.1.3　长度（length）

长度可以用符号 l，b，h，r，d，s，λ 表示。常用长度的单位的换算关系为：

1 m=1 m

1 km=1×10^3 m

1 dm=1×10^{-1} m

1 cm=1×10^{-2} m

1 mm=1×10^{-3} m

1 μm=1×10^{-6} m

1 nm=1×10^{-9} m

1.1.4　面积（area）

面积用符号 A 表示。常用面积的单位的换算关系为：

1 m^2=1 m^2

1 km^2=1×10^6 m^2

$1\ dm^2=1\times10^{-2}\ m^2$

$1\ cm^2=1\times10^{-4}\ m^2$

$1\ mm^2=1\times10^{-6}\ m^2$

1.1.5　体积（volume）

体积用符号 V 表示。常用体积的单位的换算关系为：

$1\ m^3=1\ m^3$

$1\ dm^3=1\times10^{-3}\ m^3$

$1\ cm^3=1\times10^{-6}\ m^3$

$1\ mm^3=1\times10^{-9}\ m^3$

$1\ L=1\times1\ dm^3=1\times10^3\ cm^3=1\times10^{-3}\ m^3$

1.1.6　热力学温度（thermodynamics temperature）

热力学温度用符号 T 表示。常用热力学温度的单位的换算关系为：

$T_0=273.15\ K$

K=℃+273.15

开尔文和摄氏度是国际度量衡委员会（CIPM）于 1989 年在建议 5 中采用的“1990 年国际温标 ITS－90”的单位。

1.1.7　质量（mass）

质量用符号 m 表示。常用质量的单位的换算关系为：

$1\ kg=1\ kg$

$1\ Mg=1\times10^3\ kg$

$1\ g=1\times10^{-3}\ kg$

$1\ mg=1\times10^{-6}\ kg$

$1\ \mu g=1\times10^{-9}\ kg$

$1\ t=1\times10^3\ kg$

1.1.8　物质的量（amount of substance）

物质的量用符号 n 表示。常用物质的量的单位的换算关系为：

$1\ mol=1\ mol$

$1\ kmol=1\times10^3\ mol$

$1\ mmol=1\times10^{-3}\ mol$

$1\ \mu mol=1\times10^{-6}\ mol$

1.1.9　力（force）

力用符号 F 表示。常用力的单位的换算关系为：

1 N=1 N

1 MN=1×10^6 N

1 kN=1×10^3 N

1 daN=1×10 N

1.1.10　压力和压强（pressure）

压力和压强用符号 p 表示。常用压力的单位的换算关系为：

1 Pa=1 Pa

1 MPa=1×10^6 Pa

1 kPa=1×10^3 Pa

1 mPa=1×10^{-3} Pa

1 μPa=1×10^{-6} Pa

1 bar=1×10^2 kPa=1×10^5 Pa

1 mbar=1×10^{-1} kPa=1×10^2 Pa

1.1.11　能量（energy）

能量可以用符号 E，U，Q，W 表示。常用能量的单位的换算关系为：

1 J=1 J

1 EJ=1×10^{18} J

1 PJ=1×10^{15} J

1 TJ=1×10^{12} J

1 GJ=1×10^9 J

1 MJ=1×10^6 J

1 kJ=1×10^3 J

1 mJ=10^{-3} J

1.1.12　粘度（viscosity）

动力粘度（dynamic viscosity）用符号 μ 表示。常用动力粘度的单位的换算关系为：

1 mPa・s=1×10^{-4} Pa・s

1 P=1×10^{-1} Pa・s

1 cP=1×10^{-3} Pa·s

运动粘度（kinematic viscosity）用符号 υ 表示。常用运动粘度的单位的换算关系为：

1 m^2/s=1 m^2/s

1 mm^2/s=1×10^{-6} m^2/s

1 St=1×10^{-4} m^2/s

1.2 专业术语及相关知识

本节专业术语及相关知识参考天然气百科辞典、物理化学、石油化工设计手册等相关书籍内容。

1.2.1 天然气（natural gas，NG）

天然气是指在地表以下、孔隙性地层中天然存在的烃类和非烃类混合物。

从狭义来说，天然气指按常规钻井方式得到的天然气。这种天然气在组分上以烃类为主，并含有一定的非烃类组分的气体。非烃类气体大多与烃类气体伴生，但在某些气藏中可以成为主要组分，形成以非烃类气体为主的气藏。这类狭义天然气主要有煤生气和油型气。

从广义来说，天然气指自然界地壳中存在的一切气体，包括岩石圈中各种自然过程形成的气体及其形成物，如煤层气、天然气水合物、泥火山气、水溶性天然气等。这类天然气不是按照常规钻井方式而得到的。

自然界中天然气的生成机理十分广泛，可以是有机质的降解和裂解作用、岩石变质作用、岩浆作用、放射性作用以及热核反应等。在自然界里，很少有成因单一的气体单独聚集，而往往是不同成因的气体的混合。

依天然气存在的相态，可将其分为：

（1）游离态，指煤生气和油型气；

（2）溶解态，指溶解于油层和水层的天然气；

（3）吸附态，指煤层气；

（4）固体态，指天然气水合物。

天然气开采的决定因素如下：

（1）经济可行性性。所谓经济可行性，是指价格合理，市场上能够销售出去。

（2）技术性。天然气依分布的特点，可分为聚集型和分散型两种。聚集型天然气可以是气顶气（在油藏顶部聚集成气顶）、气藏气（由游离天然气聚集形成的气藏）和凝析气（在超过临界温度和压力的状态下，液态烃逆蒸发而形成的天然气藏）。

当今世界大规模开发并为人们广泛使用的天然气是石油系天然气，指与石油成因相同，并与石油共生成或单独存在的可燃气体。与石油共生的称为“伴生气”，包括溶解于石油的溶解气、与饱和了气的石油相接触的气顶气。不与石油伴生而单独存在的称为“非伴生气”，包括储层只产气的气层气、储层中仅含有很少量油的凝析气等。

天然气可不同程度地溶于石油和地下水中，溶解的量决定于天然气和溶剂的成分、气体压力，它们之间的关系符合亨利定律。

天然气的重要性质有：

（1）相对密度低。天然气是一种相对密度低的无色气体，其相对密度为 0.6～0.7，因此比空气轻。

（2）可燃性。天然气是一种可燃性气体，且发热量高、含碳量低，其热值约为 37260 千焦耳/立方米。正是由于此性质，人们把天然气作为清洁、高效的燃料来使用。

（3）可压缩性。在高温、高压的地层条件下，天然气的体积被压缩。在地面条件下，天然气的体积是储层条件下体积的 200～240 倍。

《天然气 词汇》（GB/T 20604—2006）中关于天然气的定义为：

以甲烷为主的复杂烃类混合物，通常也会有乙烷、丙烷和很少量更重的烃类，以及若干不可燃气体，如氮气和二氧化碳。

（1）天然气中通常也含有少量其他的微量组分。

（2）天然气由粗天然气或液化天然气生产和加工而得；如需要，也可适当掺混后直接使用（如作为气体燃料）。

（3）天然气在正常使用的温度和压力条件下保持气态。

（4）天然气的组分中，甲烷占大多数（摩尔分数大于 0.7），其高位发热量通常为 30～45 MJ/m^3。天然气中也含有乙烷（典型的摩尔分数可达 0.10），丙烷、丁烷（正构和异构）和更重的烃类，它们的含量依次降低。氮气和二氧化碳是主要的不可燃组分，其摩尔分数在低于 0.01～0.2 的范围内变化。

粗天然气经加工而得到适合工业、商业和民用的天然气，或者作为化工原料。加工的目的是降低可能引起腐蚀的组分含量（如硫化氢和二氧化碳）；并降低其他在气体输配过程中可能冷凝的组分含量（如水和重烃）。硫化氢、有机硫化合物和水降至痕量；而高含量的二氧化碳则可能要被降至摩尔分数 0.05 以下。

正常情况下，按规定天然气中应不含气溶胶、液体和颗粒物。

某些情况下，天然气可与城镇燃气或焦炉气掺混；此时，其中氢气和一氧化碳的含量（摩尔分数）可分别达到 0.10 和 0.03。同时，还可能含有少量乙烯。

天然气也可与 LPG/空气混合物掺混；此时，气体中存在氧气，且丙烷和丁烷的含量也显著增加。

（5）加工达到管输质量的天然气适合直接作为工业、商业和民用燃料，或者作为化工原料。

加工的目的是降低某些腐蚀性和毒性组分的影响，并避免水蒸气和重烃在输配过程中发生冷凝。

硫化氢和水分应仅含痕量，高含量的二氧化碳应降低。

1.2.2 甲烷（methane）

甲烷是一种无色无臭的易燃气体，CAS 登录号：74－82－8。甲烷的相对密度为 0.5547（空气密度为 1.293 kg/m^3），沸点为－164℃，熔点为－182.48℃；临界温度为－82.1℃，临界压力为 4.54 MPa，自燃点为 537.78℃，燃烧热（25℃）为 802.86 kJ/mol；微溶于水，溶于乙醇、乙醚等有机溶剂；化学性质较稳定。在一定条件下，甲烷能发生卤化反应生成甲烷的卤代烃；可经氧化而生成醇、醛、酮、酸；可经硝化而生成甲烷的硝基化合物；也能发生热解而生成烯、炔烃，燃烧时呈青白色火焰。甲烷与空气的混合气体在燃点时能发生爆炸，爆炸极限为 5.3%～14%。

1.2.3 液化石油气（liquefied petroleum gas，LPG）

液化石油气在常温常压下为气态，经压缩或冷却后为液态的丙烷、丁烷及其混合物。

1.2.4 人工煤气（manufactured gas/synthetic gas）

《人工煤气》（GB/T 13612—2006）和《人工煤气和液化石油气常量组分气相色谱分析法》（GB/T 10410—2008）对人工煤气相关描述如下：

人工煤气是以煤或油（轻油、重油）或液化石油气、天然气等为原料转化制取的可燃气体，经城镇燃气管网输送至用户，作为居民生活、工业企业生产的燃料。主要有氢、氧、氮、一氧化碳、二氧化碳、甲烷、乙烯、乙烷、丙烯、丙烷等常量组分。

各种人工煤气可分为两大类：一类气为煤干馏气，二类气为煤气化气、油气化气（包括液化石油气和天然气改制）。

1.2.5 液化天然气（liquefied natural gas，LNG）

液化天然气（LNG）主要由甲烷组成，可能含有少量的乙烷、丙烷、丁烷、氮或通常存在于天然气中的其他组分的一种无色低温液态流体。

（1）密度（density）。

LNG 的密度取决于其组分，通常为 420～470 kg/m^3，但是在某些情况下可高达 520 kg/m^3。密度还是液体温度的函数，其变化梯度约为 1.4 kg/(m^3·K)。密度可以直接测量，但通常是利用气相色谱法分析得到的组分计算求得。推荐使用《冷冻烃类流体　静态测量　计算方法》（GB/T 24962—2010）中规定的计算方法，该方法通常被称为 Klosek Mckinley 修正法。《冷冻烃类流体　静态测量　计算方法》（GB/T 24962—2010）为采标 ISO 6578：1991，BS ISO 6578：2017 对内容做了较大改变，其未及时采标。

(2) 温度 (temperature)。

LNG 的沸腾温度取决于其组分，在大气压力下通常为 −166℃～−157℃。沸腾温度随压力的变化约为 1.25×10^{-4}℃/Pa。

LNG 的温度通常用铜/铜镍热电偶或 ISO 8310 中规定的铂电阻温度计进行测量。

(3) 粘度 (viscosity)。

LNG 的粘度取决于其组分，在 −160℃下粘度范围通常为 1.0×10^{-4}～2.0×10^{-4} Pa・s，大约为水的粘度的 1/10～1/5。粘度也是液体温度的函数。

(4) 蒸发气 (boil-off gas，BOG)。

蒸发气是由于外界的热量引入以及在容器进出料过程中压力变化时的闪蒸等原因，引起 LNG 气化产生的气体。

(5) 蒸发气的物理性质 (physical properties of boil-off gas)。

LNG 作为一种沸腾液体储存于大型的绝热储罐中。任何传入储罐的热量都会导致部分液体蒸发为气体，这部分气体称为蒸发气。蒸发气的组分取决于液体的组分。比如，某蒸发气可能含 20%的氮、80%的甲烷和微量的乙烷；蒸发气中的含氮量可能是液体 LNG 中含氮量的 20 倍。

当 LNG 蒸发时，氮和甲烷优先气化，剩余液体中分子量较大的烃类含量增大。对于蒸发气，不论是温度低于 −113℃的纯甲烷，还是温度低于 −85℃、含 20%氮的甲烷，其密度均比空气重。但在常温常压下，这些蒸发气体的密度约为空气密度的 0.6 倍。

(6) 闪蒸 (flash)。

LNG 与其他液体性质相同，当已有的压力降至沸点压力以下时，例如流经阀门后，部分液体蒸发，同时温度也将降到对应压力下的新沸点，这种现象称为闪蒸。由于 LNG 为多组分的混合物，闪蒸气体的组分与剩余液体的组分不一样，其原因见上述 (5) 蒸发气的物理性质。

作为一个参考性数据，在 1×10^{5}～2×10^{5} Pa 压力范围内，且在相应沸点温度下的 LNG，压力每下降 1×10^{3} Pa，1 m^{3}的液体约产生 0.4 kg 的气体。LNG 为多组分液体，要精确地计算其闪蒸所产生的气体和剩余液体的量及组分是比较复杂的。应采用已经证实的热力学方法、工艺模拟软件及合适的数据库，通过计算机进行计算。

(7) LNG 的溢出 (spillage of LNG)。

当 LNG 倾倒至地面上时 (事故溢出)，最初会剧烈沸腾，然后蒸发速率将迅速衰减至一个恒定值，该值取决于地面的热物理性质和从周围空气获得的热量。如果将地面进行绝热处理，则这一速率将大幅度降低。

当溢出发生时，少量液体能转化成大量气体；大气条件下，1 单位体积的液体将转化为约 600 单位体积的气体。当溢出发生在水上时，水中的对流传热非常强烈，足以使扩散范围内的蒸发速率保持不变。LNG 的波及范围将不断扩大，直到溢出液的蒸发速率等于溢出速率为止。

(8) 气体云团的膨胀和扩散 (expansion and dispersion of gas clouds)。

最初，蒸发气的温度几乎与 LNG 的温度一样，其密度比周围空气的密度大。蒸发气首先受到重力作用，沿地面上的一个薄层内流动，随后气体从地面吸热升温，到一定程度后便与周围空气混合。蒸发气被温度较高的空气稀释混合后，混合物温度升高，平均摩尔质量上升。混合物云团比周围空气重，直至充分混合至远低于爆炸极限之下。

当空气中水分含量较大（较高的湿度和温度）时，空气和冷 LNG 蒸气混合，会使空气中的水分冷凝并加热混合物，使混合物变得比空气轻，导致混合气体云团漂浮在空气中。溢出、蒸气云的膨胀和扩散是复杂的课题，通常用计算机模型进行预测，需要具备相关能力的机构来完成。溢出发生之后，由于大气中水蒸气的冷凝作用将产生“雾”云。当这种“雾”云可见时（白天且没有自然雾），且空气中相对湿度足够高时，这种可见“雾”云可用来显示蒸发气体的扩散，并可作为气体与空气混合物可燃性程度的迹象，这是因为这种“雾”云的可见度是湿度和环境温度的函数，但与天然气的泄漏无关。

在压力容器或管道发生泄漏时，LNG 发生节流（膨胀）和气化的同时，以喷射流的方式进入大气中。这一过程伴随着气体与空气的强烈混合。大部分 LNG 最初以气溶胶的形式存在于气体云之中。这种气溶胶最终将与空气进一步混合而蒸发。

（9）爆燃（ignition）。

对于天然气/空气的云团，当天然气的体积浓度为 5%～15%时就可以被引燃和引爆。

（10）池火（pool fires）。

直径大于 10 m 的 LNG 火池，火焰的表面辐射功率（SEP）非常高，应通过实测的正向辐射通量及火焰面积来计算。SEP 取决于火池的尺寸、烟的发散情况以及测量方法。SEP 随着波及范围的增加而降低。

（11）压力波的发展和后果（development and consequences of pressure waves）。

在没有约束的混合云团中，天然气以低速燃烧，并在气体云团中产生小于 5×10^{3} Pa 的小幅度超压。在高度拥挤的空间或受限制的区域（如设备或建筑密集的空间），可能产生较高的压力。

（12）密闭空间（containment）。

在常温下，天然气无法通过加压而液化，在约−80℃以下才有可能在某个压力下液化。这就意味着被封存在密闭空间内的任何量的 LNG，如在两个阀门之间或密闭容器中，若允许其升温，其压力就会持续升高，直至密闭系统发生破坏。因此，工厂和设备都应设计有合适尺寸的放空和/或泄压阀。

设计人员需特别留意，避免低温液体被密闭的任何可能性，即使是非常少量的低温液体（包括诸如球阀腔内的液体）的放空也需留意。

（13）翻滚（rollover）。

翻滚是指容器（通常为储罐）中不同深度的 LNG 因温度和（或）密度的差异而产生传热、传质，致使分层的液体发生快速的混合并伴随大量蒸发气从 LNG 储罐中急剧释放的现象。

在翻滚过程中，大量气体可能在短时间内从 LNG 储罐中释放出来；除非采取预防措施或对容器进行特殊设计，否则翻滚将导致容器超压。在 LNG 储罐中可能形成两个稳定的分层或单元，这通常是由于新注入的密度不同的 LNG 混合不充分造成的。在每层内部，液体密度是均匀的，但是底层液体的密度往往大于上层液体的密度。随后，由于输入储罐中的热量、各层间发生传热传质以及液体表面的蒸发，各层密度将达到均衡并且自发混合。这种自发的混合被称为翻滚。相对于储罐气相空间的压力而言，如果底层液体过热（通常正是这样的情况），翻滚的同时气化量也会增加；有时这种增加很快且量大。在少数几个实例中，储罐内部的压力上升的幅度足够大，以至于引起泄压阀的开启。

关于翻滚问题，早期曾假设当上层密度大于下层密度时，才会发生翻转，由此产生翻滚这一术语。近期的研究表明，情况并非如此，而是如前所述的快速混合造成翻滚。在潜在翻滚事故发生之前，通常有一段时间其气化速率远低于正常情况。因此应密切监测气化速率以确保液体没有积蓄热量。如果对此有怀疑，则应采取措施，设法使底层液体循环至上层，以促进混合。通过良好的库存管理，可以防止翻滚。最好将来源不同和组分不同的 LNG 分罐储存，或在注入储罐时充分混合。氮气含量高的调峰型 LNG 装置，在储罐停止进料后，由于氮气更易闪蒸，也可能引起翻滚。经验表明，预防这种类型的翻滚，最好的方法是保持 LNG 的含氮量低于 1%，并且密切监测其气化速率。

因此，若因 LNG 来源不同等原因存在分层可能时，应密切监测储罐中 LNG 的密度。一旦发现分层，则应采取缓解措施。

（14）快速相变（rapid phase transition，RPT）。

当温度不同的两种液体在一定条件下接触时，会产生冲击波。当 LNG 和水接触时，RPT 现象就会发生。尽管不会发生燃烧，但会产生类似爆炸的压力波。由于 LNG 泄漏至水面上而引发的 RPT 是罕见的，而且影响也有限。与实验结果相符的一种理论可概述为：当两种温差很大的液体直接接触时，如果较热液体的温度高于较冷液体沸点的 1.1 倍（以开氏温度表示），后者温度将迅速上升，其表层温度可能超过自发成核温度（此时液体中产生气泡）。在某些情况下，过热液体会通过复杂的链式反应机制在短时间内蒸发，而且以冲击波的速率产生蒸气。例如，液体之间能够通过机械冲击产生密切接触，将 LNG 或液态氮置于水面上的实验证实了这种接触会引发快速相变。最近有研究表明，RPT 现象的严重程度可量化，可以用来确定是否需要采取预防措施。

（15）沸腾液体膨胀蒸气爆炸（boiling liquid expanding vapour explosion，BLEVE）。

LNG 的沸腾液体膨胀蒸气爆炸（BLEVE）是指处于一定压力下的饱和温度附近的 LNG，因压力系统突然失效而导致急剧气化并释放，产生爆炸特征的现象。

在高于某一压力下的任何处于或接近其沸点温度的液体，如果由于压力系统破裂而突然被释放，都会以极高的速率蒸发。已经发生过这种案例，剧烈的膨胀将破裂容器的大块构件抛出几百米。BLEVE 在 LNG 装置上发生的可能性极小，一是因为储存 LNG 的容器在低压下就会发生破裂，而且蒸发速率很低；二是由于 LNG 在绝热的压力容器和管道中储存和输送，这类容器和管道本身具有一定的防火能力。

1.2.6 压缩天然气（compressed natural gas，CNG）

压缩天然气主要是用作车用燃料的天然气，典型的是最高压缩到 20 MPa 的气态天然气。

1.2.7 贫气（lean gas）

贫气是指几乎不含可回收液烃的天然气，即氮气的摩尔分数超过 0.15 或二氧化碳的摩尔分数超过 0.05 的天然气。

1.2.8 富气（rich gas）

富气是指含有能以液体形式回收烃类凝液的天然气，即乙烷的摩尔分数超过 0.10 或丙烷的摩尔分数超过 0.035 的天然气。

1.2.9 湿气（wet gas）

湿气是指诸如水蒸气、游离水和（或）液烃等组分的含量高于管输标准的天然气。

1.2.10 干天然气（dry natural gas）

根据《天然气 词汇》（GB/T 20604—2006）、《天然气发热量、密度、相对密度和沃泊指数的计算方法》（GB/T 11062—2014）的规定，干天然气是指水（蒸）气含量的摩尔分数不超过 0.005%（50×10^{-6} mol）的天然气。

天然气中的水蒸气含量可用浓度（10^{-6} mol 或 mg/m^3）和水露点两种方式表示。文献中可查到两者的多种关联方法。

为了安全而高效地输配天然气，对其水蒸气含量的认识有特殊的重要性。天然气中的水蒸气含量既与腐蚀现象有关（例如，当有二氧化碳、硫化氢或氧气存在时），也与水合物的形成有关。液相水堵塞会妨碍输气操作。

根据不同的应用（如输送、分配、车用压缩天然气等），对气体干燥的要求也可能显著不同，并和地理位置有关（气候很冷的国家一般干燥要求更严格）。

输气公司倾向于规定很低的水含量，以防止在操作涉及的高压下出现问题。在固定的操作压力下，水含量通常被规定为水露点温度。与输气条件相对应的水含量（摩尔分数）范围一般在 0.006%～0.008% [60×10^{-6}（摩尔）～80×10^{-6}（摩尔）]。

在管道下游终端，天然气在接近常压的条件下销售给用户，故水含量（摩尔分数）可高达 2%。根据配气条件下气体的“干”和“湿”，可按有关法规来调节对用户的价格。按不同的输送要求，这些法规将规定出完全不同的水含量要求。在英国，水含量

（摩尔分数）低于0.06%可以认为是干气，供应商可将其作为不含水的天然气销售给用户。针对配气要求的干气规格（其中确实存在水），国家与国家之间也有明显不同。

在美国，通常水含量（摩尔分数）约0.015%的天然气才能认为是“干”的，也即112 mg/m³（1百万立方英尺天然气中仅含7磅水），或体积摩尔浓度约为150×10^{-6}（摩尔）。

1.2.11　气体燃料（gas fuel）

气体燃料是指能产生热量及动力的气态可燃性物质。存在于自然界的气体燃料有天然气、油田伴生气和矿井瓦斯（煤层气）等。人工生产的气体有高炉煤气、发生炉煤气、水煤气、焦炉煤气、炼厂液化石油气和人工沼气等。

在气体燃料中，一氧化碳、氢、甲烷和碳氢化合物为可燃组分，二氧化碳、氮和氧为不可燃组分。

燃料的发热量随组分不同而有很大差别，可分为低位发热量和高位发热量。

（1）低位发热量：在大气条件下，单位容积含氢燃料燃烧时，全热量中减去不能利用的汽化潜热，称为低位发热量。

（2）高位发热量：在大气条件下，单位容积含氢燃料燃烧时，将所发生蒸汽的汽化潜热计算在内的热量，称为高位发热量。

1.2.12　高压天然气（high pressure natural gas）

高压天然气为压力超过200 kPa的天然气。

很多国家的标准中，规定压力超过100 kPa的天然气为高压天然气。对实验室应用，出于实用的原因，规定压力值为200 kPa。

1.2.13　低压天然气（low pressure natural gas）

低压天然气为压力在0～200 kPa范围内的天然气。

1.2.14　上游（upstream）

天然气净化厂生产前的生产作业均为上游，是与天然气勘探、开发、采气、井场集输、净化处理有关的作业组织的总称。

1.2.15　中游（midstream）

中游是天然气输送（从天然气净化厂出来的商品天然气起，通过管输或海运LNG到城市门站）和地下储存有关的作业组织的总称。

1.2.16 下游（downstream）

下游是与天然气销售和向用户供气配气（包括天然气发电厂和化肥厂等大用户的供配气）有关的作业组织的总称。

1.2.17 气质（gas quality）

气质是指由其组成和物理性质所决定的天然气属性。

1.2.18 输气管网（pipeline grid）

输气管网是指国内和国际上互连的管道的系统，用于将天然气转输到地区配气系统。

1.2.19 地区配气系统（local distribution system，LDS）

地区配气系统是指直接向用户供应天然气的主管道和辅助设施。

1.2.20 交接点（delivery point）

交接点是指天然气从输气管网转输到地区配气系统的位置。

1.2.21 进气点（injection point）

进气点是指某个供气公司将天然气供入输气管网的位置。

1.2.22 供气站（feeding station）

供气站是指在输气管网的进气点上，由管道、计量和调节（压力控制）设备，以及其他辅助设施构成的系统，用于天然气的交接。

1.2.23 出口站（outlet station）

出口站是指在天然气从输气管网进入地区配气系统的交接点上，由管道、计量和调节（压力控制）设备，以及其他辅助设施构成的系统。

（1）出口站经常被称为门站。

（2）天然气交接进入输气管网，以及由输气网络进入地区配气系统时，其设计和安装的设备能满足交接双方的实际需要，并提供令双方满意的准确的能量计量。

1.2.24　质量［体积］［摩尔］分数（mass［volume］［mole］fraction）

质量［体积］［摩尔］分数为每个组分的质量［体积（在规定的温度和压力下）］［摩尔数］，除以气体混合物中所有组分质量之和［体积之和（在混合前的规定温度和压力下）］［摩尔数之和］所得的商。

对于真实气体，一般混合物中所有组分体积之和不等于混合物体积，因为不同组分混合后，通常由于分子间作用力的变化而导致总体积增加或减少。但所有组分的质量或摩尔数之和是等于混合物的质量或摩尔数的。

对于理想气体，摩尔分数等同于体积分数。但由于上述原因，一般对理想气体假定的此种关系，不能应用于真实气体行为。

质量分数和摩尔分数与气体混合物的温度及压力无关，体积分数则与混合物的温度和压力有关。

上述分数（商数）乘以 100 则为百分数。

1.2.25　质量［摩尔］浓度（mass［molar］concentration）

质量［摩尔］浓度是指在规定的温度和压力下，每个组分的质量（摩尔数）除以气体混合物体积所得的商。

质量浓度和体积摩尔浓度与气体混合物的温度和压力有关。

1.2.26　摩尔（mole）

摩尔是指质量为相对分子质量时，任何化学物质所包含的（基本单元）数量。若一体系中所包含的分子、原子、离子或者电子等粒子的数目与 0.012 kg 的 $^{12}_{6}C$ 的原子数目相等时，则该体系的物质的量为 1 mol。0.012 kg 的 $^{12}_{6}C$ 的原子数目为 6.023×10^{23} 个，则：

1 mol 铁 $=6.023\times10^{23}$ 个铁原子 $=55.847$ g

1 mol 钠离子 $=6.023\times10^{23}$ 个钠离子 $=22.9898$ g

1 mol 氧气 $=6.023\times10^{23}$ 个氧分子 $=91.9988$ g

ISO 6976 给出了相对分子质量推荐表。

1.2.27　气体常数（gas constant）

气体常数是在任何温度下，1 mol 理想气体或理想气体混合物的总体积与总压力的乘积除以绝对温度得到的常数，即 $pV/T=R$。R 的数值在不同公式中可能不同。

1.2.28 气体组成（gas composition）

气体组成是指通过天然气分析所测定的主要组分、少量组分、痕量组分和其他组分的组分分数。

1.2.29 气体分析（gas analysis）

气体分析是指测定气体组成的方法和技术。

1.2.30 主要［大量］组分（main component；major component）

主要［大量］组分是指其含量会影响物理性质计算的组分。

通常天然气中的主要组分包括氮、二氧化碳以及从甲烷至正戊烷的饱和烃类。

1.2.31 少量［伴生］组分（associated component；minor component）

少量［伴生］组分是指对物理性质计算无明显影响的组分。

通常天然气中的少量组分包括氦、氢、氩和氧。

1.2.32 痕量组分（trace component；trace constituent）

痕量组分是指含量极低的组分。

通常天然气中的痕量组分包括正戊烷以上的烃类，以及烷基硫醇（alkane thiol；alkyl mercaptan）、烷基硫醚（alkyl sulfide；thioether）、烷基二硫化物（alkyl disulfide）、羰基硫（硫氧碳）（carbonyl sulfide COS）、羰基硫型硫（carbonyl sulfide sulfur）、环状硫化合物（cyclic sulfide；thioether）、乙（撑）二醇（glycol）、硫化氢（hydrogen sulfide H_2S）、硫醇（mercaptan）、硫醇型硫（mercaptan sulfur）、甲醇（methanol）、有机硫（organic sulfur）、硫化物（sulfide）、硫醚（thioether）、硫醇型硫（thiol [mercaptan] sulfur）、硫醇（thiol）、总硫（total sulfur）。

1.2.33 总硫（total sulfur）

总硫是指天然气中检测出的硫总量。

有机硫和无机硫的总含量可用分析方法测定，如 ISO 4260 规定的 Wickbold 燃烧法和 ISO 6326－5 规定的 Lingener 燃烧法，但它们不能区别单个的硫化物。

1.2.34　归一化（normalization）

归一化是指如果从未被测量的其他组分得到一个小的、固定的、可分辨的响应时，可以将组成数据规定为 100%或某个略小的值。

即使具有良好配置的天然气分析仪，也难以使天然气中各组分测量结果之和准确地等于 100%（或摩尔分数为 1）。所以，组成数据是被归一为 100%的。

归一化的显著前提是天然气中所有组分之和为 100%（而不是其他的数值）：

$$x_{mc}+x_{tc}+x_{oc}=1$$

式中：x_{mc}——主要组分和少量组分的摩尔分数；

x_{tc}——痕量组分的摩尔分数；

x_{oc}——其他组分的摩尔分数。

按照以下公式进行归一化：

$$x_{i,s}=\frac{x_{i,s}^{*}}{\sum_{i=1}^{k}x_{i,s}^{*}}(1-x_{oc,s})$$

式中：$x_{i,s}^{*}$——样品中组分 i 未经归一化的摩尔分数；

$x_{i,s}$——样品中组分 i 归一化后的摩尔分数；

$x_{oc,s}$——样品中其他组分之和归一化后的摩尔分数；

k——检测组分的数目。

归一化法应标示出可接受的界限，通常认为被测组分的总量（摩尔分数）在0.99～1.01 之间是可以接受的；分析中出现的超过此范围的总量均应被舍弃。用差减法计算甲烷含量的分析方法不用上述步骤归一化，而是把所有其他组分的测量误差归并在甲烷的计算值中，强制地使总量为 1。

1.2.35　燃烧参比条件（combustion reference conditions）

燃烧参比条件是指对天然气燃烧纯理论性地规定的压力和温度条件。

“纯理论性”的含义是“虚拟的”。由于 ISO 6976 是规定用组成计算发热量，而不是用燃烧式热量计测定的，因而就涉及不同的计量和燃烧温度。

1.2.36　计量参比条件（metering reference conditions）

计量参比条件是指测定被燃烧的天然气量时，纯理论性地规定的压力和温度（见 1.2.35 燃烧参比条件）。

没有理由要求这些参比条件与燃烧参比条件相同。具体参见 ISO 6976。

1.2.37 基准参比条件（normal reference conditions）

基准参比条件是指对干的真实气体，其压力、温度和湿度（饱和状态）的参比条件为 101.325 kPa 和 273.15 K。

1.2.38 标准参比条件（standard reference conditions）

天然气中单一气体的特性是计算其混合气体特性的基础数据。气体的特性与气体所处的状态有关。目前，气体的标准状态有以下三种：

（1）1954 年第十届国际计量大会（CGPM）协议的标准状态：温度 273.15 K（0℃），压力 101.325 kPa。世界各国科技领域广泛采用这一标准状态。

（2）国际标准化组织（ISO）和美国国家标准（ANSI）：温度 288.15 K（15℃），压力 101.325 kPa，是计量气体体积流量的标准。

（3）《天然气标准参比条件》（GB/T 19205—2008）：温度 293.15 K（20℃），压力 101.325 kPa，是计量气体体积流量的标准。

《天然气标准参比条件》（GB/T 19205—2008）中相关规定如下：

本标准规定了测量和计算天然气、天然气代用品及气态的类似流体时，使用的压力、温度和湿度的标准参比条件。标准参比条件主要用于计量交接，将用于描述天然气的气质和数量的各种物理性质统一到一个共同的基准。

在测量和计算天然气、天然气代用品及气态的类似流体时，使用的压力、温度和湿度（饱和状态）的标准参比条件是 101.325 kPa，293.15 K（20℃）。对于真实的干燥气体，也是此标准。

也可采用合同规定的其他压力和温度作为标准参比条件。

涉及标准参比条件的物理性质包括体积、密度、相对密度、压缩因子、高位发热量、低位发热量和沃泊指数。这些性质的完整定义由《天然气发热量、密度、相对密度和沃泊指数的计算方法》（GB/T 11062—2014）给出。对于发热量和沃泊指数，被燃烧气体的体积及其释放的能量均与使用的标准参比条件有关。应该指出，实践中，在某些特定的场合，只使用一种标准参比条件不能满足要求，例如，该标准允许采用合同规定的其他压力和温度作为标准参比条件。

（1）ISO 13443 规定的标准参比条件是 101.325 kPa，15℃（288.15 K）。

（2）在《天然气发热量、密度、相对密度和沃泊指数的计算方法》（GB/T 11062—2014）中，干燥气体被定义为气体中水蒸气的摩尔分数小于 0.00005，但在本标准的应用场合不必如此严格，允许水蒸气的摩尔分数不大于 0.001。

（3）当有可能发生混淆时，可将有关的参比条件作为符号的一部分，与所代表的物理量结合在一起，而不是与单位结合在一起。例如：

用 Z(101.325 kPa，0℃）表示在“101.325 kPa，0℃”参比条件下的压缩因子，而不用 Z_n 表示。

用 V(101.325 kPa，293.15 K)/m^3 表示在“101.325 kPa，293.15 K”参比条件下气体以 m^3 计量的体积，而不用 mn^3，$m^3(n)$，nm^3 或 Nm^3 表示，也不能简单地以 m^3 来表示。

在不发生混淆时，类似于 $Z(0)$ 和 $V(20)/m^3$ 这样的缩写形式也是可以接受的。对于 V(101.325 kPa，15℃)/m^3 这种情况，用 $V(ISO)/m^3$ 表示，可能将成为最佳的表示方式。

《天然气 词汇》(GB/T 20604—2006) 中相关规定如下：

对干的真实气体，其压力、温度和湿度（饱和状态）的参比条件为：101.325 kPa 和 288.15 K。

(1) 对有代表性的物理量，按惯例参比条件是与其符号相结合的一部分，而不是单位的一个部分。例如：

$$\overline{H}_s\ [p_{crc}, T_{crc}, V(p_{mrc}, T_{mrc})]$$

式中：$\overline{H}_s$ ——体积高位发热量；

p_{crc}——燃烧参比条件下的压力；

T_{crc}——燃烧参比条件下的温度；

$V(p_{mrc}, T_{mrc})$ ——计量参比条件规定的压力和温度下的体积。

(2) 标准参比条件也作为公制的标准条件。

(3) 以缩写 s. t. p.（标准温度和压力）取代了以往的缩写 N. T. P.（基准温度和压力），并规定压力和温度条件分别为 101.325 kPa 和 288.15 K。对饱和状态未做限制。

(4)《天然气标准参比条件》(GB/T 19205—2008) 规定：使用的压力和温度的标准参比条件是 101.325 kPa 和 293.15 K。

1.2.39　理想气体（ideal gas）

理想气体是指遵循理想气体定律的气体。

(1) 理想气体定律为：

$$p \cdot V_m = R \cdot T$$

式中：p——绝对压力；

V_m——摩尔体积；

R——摩尔气体常数；

T——热力学温度。

(2) 真实气体都不遵循此定律，故对真实气体应将上式改写为：

$$p \cdot V_m = Z(p, T) \cdot R \cdot T$$

式中：$Z(p, T)$ ——压缩因子。

1.2.40　压缩因子（Z—因子，气体压缩系数）（compression factor; Z-factor; Gas compressibility factor）

压缩因子是指在指定的压力和温度下任意质量气体的真实体积与同样量气体在相同

条件下由理想气体定律计算的体积相除之商。

（1）压缩因子的公式为：

$$Z = \frac{V_{m(\text{real})}}{V_{m(\text{ideal})}}$$

式中：

$$V_{m(\text{ideal})} = \frac{RT}{p}$$

因此，有：

$$Z(p,T,y) = \frac{pV_m(y)}{RT}$$

式中：p——绝对压力；

T——热力学温度；

y——表征该气体的一系列特定参数；

V_m——摩尔体积；

R——摩尔气体常数；

$Z(p,T,y)$——压缩因子。

原则上，y 应为气体完整的体积摩尔组成（见 ISO 12213-2），或者是一系列特殊的物理化学性质（见 ISO 12213-3）。

（2）压缩因子是一个无因次量，通常在接近标准或基准参比条件时其值近似于 1，但在输送气体的压力和温度条件下，其值可能显著地偏离 1。

（3）超压缩因子 f 的定义为：参比条件下的压缩因子与同一气体在操作条件下的压缩因子之比的平方根。

$$f = \sqrt{\frac{Z_b}{Z(p,T,y)}}$$

式中：Z_b——基本压力和温度条件下的压缩因子。

基本条件是指交接计量时测定天然气体积的温度和压力条件。天然气计量所涉及关心的性质为其温度、压力和组成。为了简化，可假定天然气为理想气体，在“基本条件”下任何组成的天然气均可利用纯化合物的表格来计算其性质。这些基准条件均选择在接近常温和常压。

在国际燃气联盟（IGU）的气体工业词典中，超压缩因子的定义为：

$$f = \frac{1}{\sqrt{Z(p,T,y)}}$$

以流量仪表计量时要使用超压缩因子。此时，由流量仪表测得的体积乘以 f，才能得到校正后的体积。经置换（容积）方法进行流量测量时要使用压缩因子，此时，体积应乘以 $1/Z$ 才能得到校正体积。

《石油化工辞典》（朱洪法等编写，2012 年版）对压缩因子的解释为：

压缩因子又称压缩因数，是衡量实际气体或液体偏离理想气体行为的一种因素，其关系式为：

$$Z=\frac{pV}{RT}$$

式中：Z——压缩因子；

p——压力；

V——体积；

R——气体常数；

T——热力学温度。

对于理想气体，$Z=1$；对于真实气体，Z 值一般在 0.65～1 之间，在高温低压下，Z 值接近 1，而在很高压力下，$Z>1$；对于液体，Z 值一般都很小，小于 1。气体处于临界状态时，压缩因子称为临界压缩因子 Z_c。各种气体在临界状态时的压缩因子具有近似相同的数值，大多数气体的 Z_c 在 0.25～0.31 之间。

1.2.41　密度（density）

密度是在规定的压力和温度下，气体的质量除以其体积的值。

密度的数学表示式为：

$$\rho(p,T)=\frac{m}{V(p,T)}$$

1.2.42　相对密度（relative density）

相对密度是任意体积中包含的气体质量，除以相同参比条件下同样体积标准组成的干空气（见 ISO 6876）质量所得之商。

（1）同样地，可以定义为在相同参比条件下，气体密度（ρ_g）与标准组成干空气密度（ρ_a）之比。

$$d=\frac{\rho_g(p_{src},T_{src})}{\rho_a(p_{src},T_{src})}$$

式中：d——相对密度；

p_{src}——标准参比条件下的压力；

T_{src}——标准参比条件下的温度；

$\rho(p_{src},T_{src})$——标准参比条件的温度和压力下的密度。

（2）密度可以用理想气体定律的形式表示为：

$$\rho=\frac{Mp}{ZRT}$$

当气体和空气均为真实流体时，相对密度的关系式成为：

$$d=\frac{M_g Z_a(p_{src},T_{src})}{M_a Z_g(p_{src},T_{src})}$$

当气体和空气均可视为理想流体时，两者均遵循理想气体定律，相对密度的关系式成为：

$$d = \frac{M_g}{M_a}$$

（3）以往曾把M_g/M_a称为气体的比重；如果假定两者均为理想气体，则气体的比重和相对密度数值相同。现在已经用术语“相对密度”取代了术语“比重”。

1.2.43 高位发热量（superior calorific value）

高位发热量是指在燃烧反应的压力（p_1）保持恒定，除水以外的所有燃烧产物都恢复到与反应剂相同的温度（T_1）下的气态，而水则冷凝成温度为T_1的液态的条件下，一定量燃气在空气中完全燃烧时以热量形式释放出的能量。

（1）若气体量以摩尔为基准，则发热量可表示为 MJ/mol（摩尔高位发热量），其符号为$\overline{H}_s(p_1,T_1)$。若气体量以质量为基准，则发热量可表示为 MJ/kg（质量高位发热量），其符号为$\hat{H}_s(p_1,T_1)$。若气体量以体积为基准，则发热量可表示为 MJ/m^3（体积高位发热量），其符号为$\widetilde{H}_s[p_1,T_1,V(p_2,T_2)]$，$p_2$和$T_2$为气体体积的计量参比条件。

（2）总发热量、总热值和全热值等术语均与高位发热量同义。

1.2.44 低位发热量（inferior calorific value）

低位发热量是指在燃烧反应的压力（p_1）保持恒定，所有燃烧产物都恢复到与反应剂相同的规定温度（T_1）下的气态的条件下，一定量燃气在空气中完全燃烧时以热量形式释放出的能量。

（1）高位发热量与低位发热量的差值即为燃烧生成水的冷凝热量。

（2）若气体量以摩尔为基准，则发热量可表示为 MJ/mol（摩尔低位发热量），其符号为$\overline{H}_l(p_1,T_1)$。若气体量以质量为基准，则发热量可表示为 MJ/kg（质量低位发热量），其符号为$\hat{H}_l(p_1,T_1)$。若气体量以体积为基准，则发热量可表示为 MJ/m^3（体积低位发热量），其符号为$\widetilde{H}_l[p_1,T_1,V(p_2,T_2)]$，$p_2$和$T_2$为气体体积的计量参比条件。

（3）净发热量、净热值和低热值等术语均与低位发热量同义。

（4）根据气体燃烧前的水蒸气含量，高位和低位发热量也均需说明是干基或湿基（以下标 w 表示）。水蒸气对发热量直接测量或计算的影响在 ISO 6976：2016 的附录 D 中、《天然气 通过组成计算物性参数的技术说明》（GB/Z 35474—2017）的第 8 部分中有说明。

（5）通常发热量表示为标准参比条件下的干基高位发热量。

1.2.45 转变焓（enthalpy of transition；enthalpy of transformation）

转变焓是指一种物质从一个状态转变为另一个状态时释放出的热量。

按惯例，释放的热量在数值上等于焓值的负增量（即放热的状态变化，$\Delta H<0$）。对燃烧焓和蒸发焓，其量值的意义是明显的。术语焓校正（enthalpic correction）是指一种气体从理想状态变为真实状态时其焓值之差（体积摩尔基准）。

1.2.46　沃泊指数（Wobbe-index）

沃泊指数是指燃气在规定参比条件下的体积发热量，除以同样计量参比条件下燃气相对密度的平方根。

（1）沃泊指数应根据发热量的类型，标明是高位发热量（以下标 s 表示），或低位发热量（用下标 I 表示）；并根据发热量及其相应的密度，标明干基或湿基（以下标 w 表示）。

（2）沃泊指数是表示按孔板流量方程导出的气体燃具输出热量的量度。如果不同组成的天然气具有相同的沃泊指数，且在同样的压力下操作，则其输出的热量是相同的。

1.2.47　水露点（water dew point）

水露点是指在规定压力下，高于此温度时无冷凝水出现。

在上述露点温度下，当压力低于规定压力时无冷凝现象。

1.2.48　水分（water content）

水分是以质量浓度表示的气体中总含水量。

（1）以克/立方米（g/m^3）表示。

（2）对于粗天然气，水分包括液态和蒸气两种形式；但对于管输气，仅含有水蒸气。

1.2.49　烃露点（hydrocarbon dew point）

烃露点是指在规定压力下，高于此温度时无烃类冷凝现象出现。

（1）在给定的露点温度下，可能存在一个出现反凝析现象（retrograde condensation）的压力范围。临界冷凝温度（cricondentherm）规定了可能出现冷凝现象的最高温度。

（2）露点曲线是区分气体单相区和气液两相区的压力与温度点的轨迹。

1.2.50　反凝析（retrograde condensation）

反凝析是指一种与烃类混合物在临界点附近的非理想相态行为有关的现象。在温度固定时，与液相接触的气相因压力下降而可能被冷凝；或者在压力固定时，蒸气相可能由于温度升高而被冷凝。

当天然气被加热或其压力下降时，会因反凝析而生成液体。

1.2.51　潜在液烃含量（potential hydrocarbon liquid content）

潜在液烃含量是指在给定的温度和压力下，单位体积天然气中潜在可被冷凝的液体量。

1.2.52　甲烷值（methane number）

甲烷值是评定燃料其抗爆性能的一项指标。

甲烷值可与汽油的辛烷值相类比。甲烷值表示为某种甲烷—氢混合物中甲烷的体积百分数；当试验发动机在标准条件下测定时，该混合物与被测定燃料气具有同样的抗爆倾向。

1.2.53　互换性（interchangeability）

互换性是一种气体的燃烧特性与另一种气体的燃烧特性相互匹配程度的量度。

当一种气体为另一种气体取代时，不影响气体燃具或设备的操作，可以认为这两种气体具有互换性。

1.2.54　燃气的类［族］（family of gases；gas family）

燃气的类［族］是指具有类似普通主要组分的一系列燃气。

1.2.55　燃气的组（group of gases；gas group）

把具有相似燃烧特性的同类燃气，按照不同界限燃气和试验压力区分为组。

1.2.56　基准燃气（reference gas）

基准燃气是在相应的标准压力下向燃具供应燃气时，燃具在公称条件下操作用的试验气。

公称条件是指燃具操作达到最佳化，并能给出最佳效果时的条件。

1.2.57　界限燃气（limit gas）

界限燃气是代表燃气沃泊指数某种变化极限的试验气，用于燃气分组。

1.2.58　额定压力（normal pressure）

额定压力是以相应的基准燃气供应燃具，燃具在公称条件下操作时的压力。

公称条件是指燃具操作达到最佳化，并能给出最佳效果时的条件。

1.2.59　试验压力（test pressure）

试验压力代表向燃具供应燃气时可能出现的一个压力变化极限。

1.2.60　回火（flash back）

回火是指火焰缩回燃烧器火孔，导致燃烧在燃烧器内进行的倾向。

1.2.61　加臭（odorization）

在天然气中加入加臭剂，加臭剂通常是某些具有强烈的、令人讨厌气味的有机化合物；从而在天然气泄漏时，可在痕量浓度下通过气味察觉（在空气中累积危险浓度之前）。

1.2.62　热力学性质（thermodynamic property）

物质的性质通常分为热力学性质和传递性质。前者是指物质处于平衡状态下压力（p）、体积（V）、温度（T）、物质的量（n），及其他热力学函数，如热力学能（U）、焓（H）、熵（S）、Helmholtz 函数 A（或 F）、Gibbs 函数 G 和比热容（C_p/C_V）之间的变化规律。后者是指物质与能量传递过程的非平衡特性，如热导率（λ）、扩散系数（D）和黏度（η）。

与系统的尺寸（即物质的量多少）无关的性质称为强度性质，如系统的温度（T）、压力（p）等；反之，与系统中物质的量的多少有关的性质称为容量性质，如系统的总体积（V_t）、总热力学能（U_t）等（下标 t 表示物系的总性质）。摩尔性质定义为容量性质除以物质的量，摩尔性质就成为强度性质。

系统的状态是由系统的强度性质决定的。将确定系统所需要的强度性质称为独立变量，其数目可从相律计算。例如，由相律知，纯物质的气液平衡系统和单相系统的自由度分别是 1 和 2，即只要给出一个强度性质（如饱和性质 T，p^S，V^S，V^{SV} 等中的任何一个）就可确定纯物质的气液平衡状态；但要确定纯物质的单相系统，就需要两个强度性质来作为独立变量。

1.2.63 状态函数和过程函数（state function and process function）

与系统状态变化的途径无关，仅取决于初态和终态的量称为状态函数。系统的性质都是状态函数。

与系统状态变化的途径有关的量称为过程函数，如热量（Q）和功（W）。

1.2.64 等温过程（isothermal process）

等温过程是指系统由状态 1 变到状态 2，变化过程中以及始态和终态的温度不变，且等于环境温度。

1.2.65 等压过程（isobaric process）

等压过程是指系统在变化过程中，始态和终态压力相等，且等于环境压力。

1.2.66 等容过程（isochoric process）

等容过程是指系统在变化过程中，保持体积不变。在刚性容器中发生的变化一般是等容过程。

1.2.67 绝热过程（adiabatic process）

系统在变化过程中与环境间没有热的交换，或者是由于有绝热壁的存在，或者是因为变化太快而与环境间来不及热交换，或热交换量极少，可近似看作是绝热过程。

1.2.68 环状过程（cyclic process）

环状过程是指系统从始态出发，经过一系列变化后又回到原来的状态。环状过程又称为循环过程，经此过程，所有状态函数的变量都等于零。

系统由始态到终态的变化可以经由一个或多个不同的步骤来完成，这种具体的步骤称为途径。状态函数的变化值取决于系统的始态和终态，而与中间具体的变化步骤无关。

1.2.69 热和功（heat and work）

热力学中，由于温度不同，而在系统与环境间交换或传递的能量就是热，用符号 Q 表示。并规定，当系统吸热时，Q 取正值，即 $Q>0$；当系统放热时，Q 取负值，即

$Q<0$。

热力学中，把除热以外其他各种形式传递的能量都叫作功，用符号 W 表示。当系统从环境得到功时，W 取正值，即 $W>0$；当系统对环境做功时，W 取负值，即 $W<0$。

功和热都是被传递的能量，都具有能量的单位，但都不是状态函数，它们的变化值与具体的变化途径有关。微小的变化值用符号 δ 表示，以区别状态函数用的全微分符号 d。

热和功的单位都是能量单位 J。

1.2.70　压力和压强（pressure）

压强是载荷除以其作用面积，或垂直作用于物体单位面积上的力，单位为帕斯卡，简称帕，单位符号 Pa，$1\ \text{Pa}=1\ \text{N/m}^2$。在热力学以及国家和石油化工行业标准中称为压力，一般用 p 表示该物理量。

1.2.71　物质的量（amount of substance）

物质的量是国际单位制中 7 个基本量中的一种，其符号为 n，单位是摩尔，单位符号为 mol。若系统中单元 B 的物质的量为 nB 时，必须同时指出单元 B 的化学式、粒子符号或化学式和粒子符号的特定组合。例如，1 mol $[H_2SO_4]$ 表示基本单元是 H_2SO_4，1 mol $\left[\frac{1}{2}H_2SO_4\right]$ 表示基本单元是 $\frac{1}{2}H_2SO_4$，1mol $\left[H_2+\frac{1}{2}O_2\right]$ 表示基本单元是 $\left(H_2+\frac{1}{2}O_2\right)$。若某物质系统所含基本单元的数量等于阿伏伽德罗常数，那么该系统的物质的量（n）就是 1 mol。可以认为，物质的量是以阿伏伽德罗常数为计数单位的，是用来表述物质中基本单元数目的量。

1.2.72　质量摩尔浓度（molality）

质量摩尔浓度是以国际单位制表示的溶液浓度。即 1000 g 溶剂中含某溶质（i）的摩尔数，符号为 m_i，单位为 mol/kg。例如，500 g 水中含 1 mol 硫酸的溶液，其质量摩尔浓度为 $m_{H_2SO_4}=2$ mol/kg。

1.2.73　分子量（molecular weight）

分子量又称相对分子量（相对分子质量），是物质的分子或特定单元的平均质量与核素 ^{12}C 原子质量的 1/12（1.6605402×10^{-27} kg）之比，量纲为 1；等于化学式中各元素原子的相对原子质量与原子个数乘积的和。如 O_2 的分子量为 32.00，H_2O 的分子量为 18.00。

1.2.74 相对分子量（relative molecular weight）

相对分子量即为分子量。

1.2.75 摩尔质量（molar mass）

单位物质的量的物质所具有的质量，称为摩尔质量，用符号 M 表示，$M=m/n$。式中，m 为体系的质量，n 为该体系的物质的量。当物质的量以 mol 为单位时，摩尔质量的单位为 g/mol，在数值上等于该物质的相对原子质量或相对分子质量。对于某一化合物来说，它的摩尔质量是固定不变的。而物质的质量则随着物质的量不同而发生变化。

1.2.76 摩尔体积（molar volume）

单位物质的量的物质的体积，称为摩尔体积，用符号 V_m 表示，$V_m=V/n$。式中，V 为体系的体积，n 为该体系的物质的量。当物质的量以 mol 为单位时，摩尔体积的单位为 m^3/mol，化工中常用单位为 L/mol。

1.2.77 摩尔密度［体积摩尔浓度（molarity）；物质的量浓度（amount of substance concentration）］

物质的量浓度（即体积摩尔浓度）是指单位体积溶液内所含 B 成分的物质的量，用符号 c_B 表示，在化学中也可表示成［B］。

物质的量浓度（c_B）=B 成分的物质的量（n_B）/混合物的体积（V），其法定单位为 mol/m^3，化工中常用单位为 mol/L。

在本书中，摩尔密度可用符号 ρ_m 表示，单位为 mol/m^3，计算式为：

$$\rho_m=1/V_m=n/V$$

式中：V_m——体系的摩尔体积；

V——体系的体积；

n——体系的物质的量。

1.2.78 摩尔分数［物质的量分数（amount of substance fraction）］

摩尔分数是指混合物中，物质 i 的物质的量 n_i 与混合物质的物质的量 n 之比，也称为物质 i 的摩尔分数 x_i，即 $x_i=n_i/n$。例如，在含有 1 mol 氧和 4 mol 氮的混合气体中，氧和氮的物质的量分数分别为：

$$x(O_2)=\frac{1\ \text{mol}}{(1+4)\text{mol}}=\frac{1}{5}$$

$$x(N_2)=\frac{4\ \text{mol}}{(1+4)\text{mol}}=\frac{4}{5}$$

其中，x_i是无量纲量。

1.2.79　热容［量］（heat capacity）

《热学的量和单位》（GB 3102.4—93）对热容的定义为：当一系统由于加给一微小的热量 δQ 而温度升高 $\mathrm{d}T$ 时，$\delta Q/\mathrm{d}T$ 这个量即是该系统的热容，用符号 C 表示，单位为 J/K。

单位物质的量（1 mol）体系的热容［量］称为摩尔热容（molar heat capacity），单位为 J/(mol・K)。单位质量（1 g 或 1 kg）体系的热容称为比热容（specific heat capacity）或质量热容（massic heat capacity），单位为 J/(g・K）或 kJ/(kg・K)。

摩尔热容与比热容的关系为：

$$C_m=MC_s$$

式中：C_m——摩尔热容；

M——摩尔质量，g/mol 或 kg/kmol；

C_s——比热容。

热容符号 C 在《物理化学和分子物理学的量和单位》（GB 3102.8—93）中采用大写字母，在《热学的量和单位》（GB 3102.4—93）中采用小写字母，本书无特殊说明的情况下大小写符号通用。

1.2.80　摩尔定容［恒容］热容（molar heat capacity at constant volume）

若系统在恒容条件下只发生温度变化，相应的热容称为定容热容，记为 C_V，摩尔定容热容记为 $C_{V,m}$。

摩尔定容热容表示 1 mol 物质在恒容、非体积功为零的条件下，温度升高 1 K 所需要的热。

1.2.81　摩尔定压［恒压］热容（molar heat capacity at constant pressure）

若系统在恒压条件下只发生温度变化，相应的热容称为定压热容，记为 C_p，摩尔定压热容记为 $C_{p,m}$。

摩尔定压热容表示 1 mol 物质在恒压、非体积功为零的条件下，温度升高 1 K 所需要的热。

1.2.82 质量定容比热容（specific heat at constant volume）

在物体体积不变的情况下，单位质量的某种物质温度升高 1 K 所需吸收的热量，叫作该种物质的定容比热容，以符号 C_V表示，国际单位是 J/(kg·K)。

1.2.83 质量定压比热容（specific heat at constant pressure）

在压强不变的情况下，单位质量的某种物质温度升高 1 K 所需吸收的热量，叫作该种物质的定压比热容，用符号 C_p表示，国际制单位是 J/(kg·K)。对于同种气体，定压比热容一般比定容比热容大。

1.2.84 焓（enthalpy）

在热力学上，把（$U+pV$）定义为焓，用符号 H 表示，其定义式为：

$$H \overset{\text{def}}{=} U + pV$$

焓为复合状态函数，具有能量的量纲，没有非常明晰的物理意义。定义一个新的状态函数 H，是为了更方便地进行热化学问题的处理和计算。焓的微分在数学上是全微分。

由于无法确定热力学能 U 的绝对值，因而也不能确定焓的绝对值。但是在一定条件下，可以通过系统和环境间热量的传递来衡量系统的热力学能与焓的变化值。在没有其他功的条件下，系统在等容过程中所吸收的热全部用以增加热力学能；系统在等压过程中所吸收的热，全部用于使焓增加。

在化学反应过程中所释放或吸收的能量都可用热量（或换成相应的热量）来表示，叫反应热，又称“焓变”。

焓是一个状态量，焓变是一个过程量。

1.2.85 熵（entropy）

热力体系中，不能利用来做功的热能可以用热能的变化量除以温度所得的商来表示，这个商叫作熵，用 S 表示，单位是 J/K。当热力学温度为 T 的系统接受微小热量 δQ 时，如果系统内没有发生不可逆变化，则系统的熵增为 $\delta Q/T$。

热力学研究的是大量质点集合的宏观系统，热力学能、焓和熵都是系统的宏观物理量。熵是系统的状态函数，当系统的状态一定时，系统有确定的熵值，系统状态发生变化，熵值也要发生改变。

热力学第二定律指出，凡是自发过程都是热力学不可逆过程。而且一切不可逆过程都归结为热功交换的不可逆性。从微观角度来看，热是分子混乱运动的一种表现，而功是分子有秩序的一种规则运动。功转变为热的过程是规则运动转化为无规则运动，向系统无序性增加的方向进行。因此，有序的运动会自发地变为无序的运动，而无序的运动却不会自发地变为有序的运动。

例如，低压下的晶体恒压加热变成高温的气体。该过程需要吸热、系统的熵值不断增大。从微观来看，晶体中的分子按一定方向、距离有规则地排列，分子只能在平衡位置附近振动。当晶体受热熔化时，分子离开原来的平衡位置，系统变为液体，系统的无序性增大。当液体继续受热时，分子完全克服其他分子对它的束缚，可以在空间自由运动，系统的无序性进一步增大。

因此，熵是系统无序程度的一种度量，这就是熵的物理意义。

熵变是可逆过程的热温商，熵是状态函数，熵变与过程无关，不论过程是否可逆，都要按照可逆过程的热温商来计算。如果过程是可逆的，按照其热温商计算即可；如果过程是不可逆的，要设计为可逆过程再按照可逆过程的热温商计算。

1.2.86　㶲㷻（exergy、anergy）

理想功是系统在状态变化时所能提供的最大功。但在实际节能工作中经常要知道系统处于某状态时的最大做功能力，如 10 MPa 压力、450℃温度的过热水蒸气的最大做功能力为多少，1 t 煤的最大做功能力为多少等。此外，根据热力学第二定律，因一切不可逆过程都存在功的损耗或能量贬值，也需要有一个衡量不同过程、不同能量可利用程度的统一指标（能量品质指标）。为了有共同的比较基础，需要附加两个约束条件：一个是以给定的环境为基准，另一个是以可逆条件下最大限度为前提。

为了表达系统处于某状态的做功能力，先要确定一个基准态，并定义在基准态时系统的做功能力为零。所谓基准态就是与周围环境达到热力学平衡的状态，即热平衡（温度相同）、力平衡（压力相同）和化学平衡（化学组成相同）的状态。热力学定义的周围环境是指其温度 T_0、压力 p_0 以及构成环境的物质浓度保持恒定，且物质之间不发生化学反应，彼此间处于热力学平衡。任何系统凡与环境处于热力学不平衡的状态均具有做功能力，系统与环境的状态差距越大，其做功能力也越大。

为了度量能量的品质及其可利用程度，或者比较不同状态下系统的做功能力大小，凯南（Keenen）提出了有效能（available energy）的概念。有效能也被称为可用能（utilizable energy）或㶲（exergy），并用符号 E_x 表示。

由系统所处状态变化到基准态这一过程所提供的理想功即为系统处于该状态的㶲。

对于稳定流动过程，从状态 1 变化到状态 2，过程的理想功 W_{id} 可写为：

当系统由任意状态（T、p）变化到基态（T_0、p_0）时稳定流动过程的㶲为：

$$E_x = (H - T_0S) - (H_0 - T_0S_0) = (H - H_0) - T_0(S - S_0)$$

（$H-H_0$）是体系具有的能量，而 $T_0(S-S_0)$ 不能用于做功，我们将不能转变为有用功的那部分能量称为无效能或㷻（anergy，A_n）。能量是由㶲和㷻两部分组成，即 $E=E_x+A_n$。熵是体系分子热运动混乱度的量度，熵值越大，㷻越多。

基态的性质可视为常数，因此体系的有效能 E_x 仅与体系状态有关，它是状态函数。但与热力学中焓、熵、自由能等热力状态函数有所不同，有效能的大小还与所选定的基态有关。

有效能的表达式不同于理想功，它的终态是基态（或寂态、僵态、热力学死态），即为环境状态，此时有效能为零。基态是与周围环境达到平衡的状态，这种平衡包括热平衡（温度相同）、力平衡（压力相同）和化学平衡（组成相同），即完全平衡。

系统和环境仅有热平衡和力平衡而未达到化学平衡时，称为约束性平衡。此时，系统和环境具有物理界限分隔，两者相互不混合，也不发生化学反应，但系统的温度和压力与环境的温度 T_0、压力 p_0 相等。相反，若系统和环境达到热力学平衡，则称为达到非约束性平衡。此时，系统与环境除温度、压力相等外，为了进一步达成化学平衡，系统的组成物质还与环境物质相互混合或者发生化学反应。混合或化学反应的结果，就是使得系统的化学组成（化学物质的结构与浓度）变成与环境物质（称为基准物）相一致。只有系统和环境之间达到热力学平衡状态，构成系统或环境的物质的㶲才能确定为零。

单位能量所含的㶲称为能级 Ω（或㶲浓度）。能级是衡量能量质量的指标。能级的大小代表系统能量品质的优劣。能级 Ω 数值处于零与 1 之间，理论上能全部转化为功的能量其能级为 1，如电能、机械能等。前面提及的高级能量即为㶲。完全不能转化为功的能量称为僵态能，其能级为零，如大气、天然水源或大地含有的内能。低级能量的能级大于零、小于 1。

根据以上分析，按照能量的特征及约束条件，定义㶲和𤆬的概念为：系统由任意状态可逆转变到与环境状态相平衡时，能最大限度转换为功的那部分能量称为㶲（exergy），不能转换为功的那部分能量称为𤆬（anergy）。

㶲是一种能量，具有能量的量纲和属性，但它与传统习惯上的能量含义并不完全相同。一般来说，能量的量与质是不统一的，而㶲却代表能量中量和质的统一。也就是说，㶲这一物理量提供了正确评价不同形态的能量价值的统一标尺。

根据能量转换的能力，可将能量分为以下三种不同的类型：

（1）可完全转换的能量。这种能量理论上可以百分之百地转换为其他形式的能量，其量和质完全统一，转换能力不受约束，如机械能、电能等。

（2）可部分转换的能量。这种能量的量和质不完全统一，其转换能力受热力学第二定律约束，如热量、热力学能等。

（3）不能转换的能量。这种能量只有量没有质，如环境状态下的热力学能。

由于能量的转换与环境条件及过程特性有关，为了衡量能量的最大转换能力，规定环境状态作为基态（其能质为零），而转换过程应为没有热力学损失的可逆过程。

用㶲和𤆬的概念来表示以上三种不同类型的能量：

第一种可完全转换的能量将全部是㶲，表示为：$E_n=E_x$；

第二种可部分转换的能量包括㶲和𤆬，表示为：$E_n=E_x+A_n$；

第三种不能转换的能量将全部为𤆬，表示为：$E_n=A_n$。

即，能量=㶲+𤆬，可表示为：$E_n=E_x+A_n$。

应用㶲和𤆬的概念，可将能量转换规律表述为：

（1）㶲和𤆬的总能量守恒，可表示为热力学第一定律：

$E_n=E_x+A_n$或 $(\Delta E_x+\Delta A_n)_{iso}=0$

其中，下标“iso”代表绝热状态。

(2) 一切实际热力过程中不可避免地发生部分㶲退化为𬀩，称为㶲损失，而𬀩不能再转化为㶲，可表示为热力学第二定律，也可称孤立系统㶲降原理，即 $\Delta E_x\leqslant 0$。

由此可见，㶲与熵都可作为过程方向性及热力学性能完善性的判据。

引入㶲和𬀩后，关于能量的概念发生了根本性的变化。不可逆过程都有功损耗，功损耗就是㶲损失，因此，不可逆过程的做功能力必然降低。由于体系的总能量守恒即体系在过程中的㶲和𬀩的总和保持恒定，那么㶲的减少必然引起𬀩的增加，𬀩的增加量等于㶲的减少量。能量转化过程是沿㶲减𬀩增的方向进行的。㶲的减少不但表明能量数量的损失，而且表明能量质量的贬值，这才是真正意义上的能量损失。节能的关键是节㶲。在用能过程中，充分、有效地发挥㶲的作用，尽可能地减少不必要和不合理的拥损失，尽量避免㶲转化为𬀩，是有效能分析的核心。

1.2.87　状态方程（equation of state）

对于一定量的单组分均匀系统，经验证明，状态函数 p、V、T 之间有一定的联系，可以用函数表示为 $p=f(V,T)$，f 表示与系统性质有关的函数。系统状态函数之间的定量关系式称为状态方程。

热力学定律虽具有普遍性，但却不能导出具体系统的状态方程，它必须由实验来确定。可以根据对系统分子内的相互作用的某些假定，用统计的方法推导出近似的状态方程，其正确与否仍要由实验来验证。

在以 p、V、T 构成的三维空间中，系统的每个可能的状态都在空间中给出一个点，这些点可构成一个曲面，曲面的方程就是状态方程。

1.2.88　对比状态（reduced state）

物质的实际状态与其临界状态相比称为对比状态，又称为对应状态，用对比温度、对比压力、对比体积等参数来表征。对比状态可表示物质的实际状态与临界状态的接近程度。在对比状态下，各种物质有相似的特性，这时的压缩因子不受物质性质的影响。各种不同物质，如具有相同的对比温度及对比压力，则它们的对比体积及压缩因子也接近相同。这就是对比状态定律（reduced state law）。利用对比状态的性质，不仅能计算高压下气体的压力、体积和温度之间的关系，还能计算一些热力学函数。

1.2.89　对比值（reduced value）

对比值是指物质实际状态下的状态参数与该物质在临界状态下同种参数的比值。如对比压力（reduced pressure）是该物质的实际压力与其临界压力之比；对比体积（reduced volume）是该物质在实际温度、压力下的体积与其临界状态下的体积之比；

对比温度（reduced temperature）是该物质的实际温度与其临界温度之比。对比值是以物质临界状态的状态参数为基准，对该物质在其他状态下同种状态参数的量度，反映了这一状态与临界状态的相距程度。

对比温度、对比压力、对比体积一般采用下面的式子来表达：

$$P_r = \frac{p}{P_c}$$

$$V_r = \frac{V}{V_c}$$

$$T_r = \frac{T}{T_c}$$

1.2.90　对比温度（reduced temperature）

见“1.2.89 对比值”。

1.2.91　对比压力（reduced pressure）

见“1.2.89 对比值”。

1.2.92　对比体积（reduced volume）

见“1.2.89 对比值”。

1.2.93　假临界参数（pseudo-critical parameter）

假临界参数又称虚拟临界参数。在各种对应状态法计算中，都需要混合物的临界温度和临界压力。但石油馏分及烃类混合物的临界点的情况很复杂，为方便起见，将混合物看作一个虚拟的纯物质，其临界性质称为假临界性质。假临界性质可由纯物质临界常数获得。在假临界点上相应的温度及压力即为假临界温度及假临界压力，可由纯物质的临界温度和临界压力分别按经验式求得。石油馏分的真实临界常数与假临界常数的数值不同，其在工艺计算中的用途也不同。前者常用于确定传质和反应设备中的相态及允许的操作条件范围，后者则用于求取其他一些理化性质。燃气是混合气体，其临界参数随组分的变化而变化，没有恒定的临界参数值。对不同组成的燃气，一般需要通过试验的方法才能比较准确地测定其临界参数。

工程上广泛采用 Kay 提出的虚拟临界参数法来计算混合气体的临界参数。所谓虚拟临界参数法，是将混合物视为假想的纯物质，从而可将纯物质的对比态计算方法应用到混合物上。混合气体的虚拟临界温度、虚拟临界压力和虚拟临界体积（密度）可按混合气体中各组分的摩尔分数以及临界温度、临界压力和临界体积（密度）求得，一般可以按下式计算：

$$P_{pc}=\sum_i x_i P_{ci}$$

$$V_{pc}=\sum_i x_i V_{ci}$$

$$\rho_{pc}=\sum_i x_i \rho_{ci}$$

$$T_{pc}=\sum_i x_i T_{ci}$$

式中：T_{pc}——混合气体的虚拟临界温度，K；
P_{pc}——混合气体的虚拟临界压力，Pa；
V_{pc}——混合气体的虚拟临界体积，m^3；
ρ_{pc}——混合气体的虚拟临界密度，kg/m^3；
T_{ci}——i 组分的临界温度，K；
P_{ci}——i 组分的临界压力，Pa；
V_{ci}——i 组分的临界体积，m^3；
ρ_{ci}——i 组分的临界密度，kg/m^3；
x_i——i 组分的摩尔分数。

1.2.94　假临界对比状态（pseudo-reduced state）

假临界对比状态又称虚拟临界对比状态，指物质（混合物）在实际状态下的状态参数与该物质在虚拟临界状态下同种参数的比值。如虚拟对比压力（pseudo-reduced pressure）是该物质的实际压力与其虚拟临界压力之比；虚拟对比体积（pseudo-reduced volume）是该物质在实际温度、压力下的体积与其虚拟临界状态下的体积之比；虚拟对比温度（pseudo-reduced temperature）是该物质的实际温度与其虚拟临界温度之比。虚拟对比值是以物质虚拟临界状态的状态参数为基准，对该物质在其他状态下同种状态参数的量度，反映了这一状态与虚拟临界状态的相距程度。

虚拟对比温度、虚拟对比压力、虚拟对比体积一般采用下面的式子来表达：

$$P_{pr}=\frac{p}{P_{pc}}$$

$$V_{pr}=\frac{V}{V_{pc}}$$

$$T_{pr}=\frac{T}{T_{pc}}$$

1.2.95　油气储运（oil-gas storage and transfer）

油气储运指油和气的储存与运输，是炼油及石化工业内部联接产、运、销各环节的纽带，包括矿场油气集输及处理、油气的长距离运输、各转运枢纽的储存和装卸、终点分配油库（或配气站）的营销、炼油厂和石化厂内部的油气储运。

1.2.96 油气集输过程（oil-gas gathering and transportation process）

油气集输过程是为满足油气开采和储运要求，将分散的油井产物，分别测得各单井的原油、天然气和采出水的产量后，汇集、处理成出矿原油、天然气、液化石油气及天然汽油，经储存、计量后输送给用户的油田生产过程。

对于海洋石油开采过程中的油气集输过程，主要是在海上平台将海底开采出来的原油和天然气，经采集、油气水初步分离与加工处理、短期储存、装船运输或经海底管道外输的过程。油气集输过程既保持原油开采及销售之间的平衡，又使原油、天然气、液化天然气及天然汽油产品的质量合格。

第2章　状态方程

在石油化工行业，水力和热力计算中需要求解天然气的热物性参数，包括密度、压缩因子、焓、熵、定压比热、比热比、焦耳—汤姆逊系数等，这就需要用到状态方程。并且，随着管道模拟技术的发展，对于模型准确度的要求也越来越高。

在文献中出现的状态方程不下150种，有的是从理论分析得到的，有的是由实验数据拟合的，也有的是用理论分析和实验数据相结合而推导出的；但只有少数状态方程对各种化学物质通用性比较好，不过并没有哪一个状态方程能够在工程实际中持续、广泛地应用。对新的状态方程的研究一直都在进行，新方程仍在不断涌现。

1873年出现的Van der Waals状态方程是第一个预测气液共存的方程。

1949年，由Redlich和Kwong提出的Redlich-Kwong状态方程，提出温度与引力项（Van der Waals状态方程将压力分为斥力项和引力项这两部分）相关而改善了Van der Waals状态方程的精度。

Guggenheim（1965年）、Carnahan和Starling（1969年）修正了Van der Waals状态方程的斥力项，并且获得了对硬球系统更准确的表达式。

Soave（1972年）、Peng和Robinson（1976年）提出了对Redlich-Kwong状态方程添加修正项来更准确地预测蒸汽压、液体密度和相平衡率。

1981年，Boublik发展了Carnahan-Starling硬球项来获得硬凸体方程。

1986年，Christoforakos和Franck同时修正了Van der Waals状态方程的斥力项和引力项。

本章将对状态方程的发展进行介绍和讨论，总结前人的经验和成果，着重对用于天然气管道输送中常见的状态方程进行研究讨论。

2.1　管线模拟常用的状态方程

在管线模拟中：

（1）运用状态方程通过压力和温度求解密度：①计算管线充填量；②标定流量计；③计算压力降。

（2）计算热力学参数：①进行热力学建模；②计算压缩机；③计算气液平衡。

这些用途表明，状态方程应该具有的特点是：①准确（计量）；②在很宽的压力和温度范围内都适用；③可以用于很多组分；④精确（热力学）；⑤可以用于液体；⑥使用方便。

通常我们考虑上述几个方面中的一个或者几个，以此对状态方程进行对比。由于理想气体的状态方程不能满足或不能精确满足上述几个方面，所以需要用到实际气体的状态方程。状态方程应该简单、准确，并且可以用于很宽的压力、温度范围和较多的组分，但这样的状态方程是不存在的。有很多状态方程，在很宽的压力和温度范围内，甚至在接近露点或者临界状态时都很准确，但却很复杂。并且，改变组分意味着改变状态方程，因为它包含了另外的处理方法。

现今应用较广泛的（对于接近露点、气体和液体都适用的）真实流体方程主要有SRK、PR和BWRS三个。它们可以用于很宽的条件范围，并且这些方程可以通过混合规则用一个简单的形式来表示。

SRK和PR方程被称为立方型状态方程，其形式可以写为：

$$p=\frac{R\cdot T}{V-b}+\frac{a}{V^2+A\cdot V+B} \tag{2-1}$$

式中：V代表摩尔体积；a、b、A和B是温度的函数，由经验数据拟合得到。

2.1.1 Soave-Redlich-Kwong 状态方程

SRK状态方程是由Soave将RK状态方程进行改写，广泛用于化工相平衡计算的方程。SRK和BWRS状态方程都可用于液体密度的计算。令方程（2－1）中$B=0$，$A=b$，并且

$$a=\frac{0.42748R^2T_c^2}{P_c}[1+(1-T_r^{0.5})(0.48508+1.55171\cdot\omega-0.15613\cdot\omega^2)]^2 \tag{2-2}$$

$$b=\frac{0.08664\cdot R\cdot T_c}{P_c} \tag{2-3}$$

式中：ω——偏心因子；

T_r——对比温度，$T_r=\frac{T}{T_c}$，下标c代表临界状态。

将SRK状态方程中的摩尔体积换成密度来表示：

$$p=\frac{\rho RT}{MP_c-0.08664\rho RT_c}+\frac{0.42748\rho^2R^2T_c^2[1+(1-T_r^{0.5})(0.48508+1.55171\cdot\omega-0.15613\cdot\omega^2)]^2}{M^2P_c+0.08664\rho RT_cM} \tag{2-4}$$

式中：M——摩尔质量，kg/kmol；

R——气体通用常数，8.3143 kJ/(kmol·K)；

ρ——气体密度，kg/m³；

P_c——临界压力，kPa；

T_c——临界温度，K；

T_r——对比温度；

ω——偏心因子。

2.1.2　Peng-Robinson 状态方程

在 PR 状态方程中，$A=2b$，$B=-b^2$，有：

$$a=\frac{0.45724R^2T_c^2}{P_c}\left[1+(1-T_r^{0.5})(0.37464+1.54226\cdot\omega-0.26992\cdot\omega^2)\right]^2 \tag{2-5}$$

$$b=\frac{0.07780\cdot R\cdot T_c}{P_c} \tag{2-6}$$

仍然将摩尔体积换成密度：

$$p=\frac{\rho RTP_c}{MP_c-0.07780\rho RT_c}+\frac{0.45724\rho^2R^2T_c^2P_c\left[1+(1-T_r^{0.5})(0.37464+1.54226\cdot\omega-0.26992\cdot\omega^2)\right]^2}{M^2P_c^2+0.15560\rho RT_cMP_c-(0.07780\rho RT_c)^2} \tag{2-7}$$

2.1.3　立方型状态方程的局限性

SRK 和 PR 状态方程有一个共同的问题，无论是对于液体还是超临界液体，在高密度时都不适应，根本原因是分子间的作用力。当分子间距离大于平均距离时，分子间引力起主要作用，改变分子间的距离只需要很少的能量。一旦分子接触，它们之间的作用就变为斥力，且其大小随距离的减小成指数增加，也就是说，液体分子是不可压缩的。使分子继续靠近意味着重组分子，这将会产生很大的斥力。描述随距离减小而迅速增大的分子间斥力，需要有依赖于密度并且比立方关系更有说服力的函数。要得到这种有力的关系就要将维里方程外推出更多的项，这就增加了方程的复杂程度，随之而来的很多系数都需要通过数据来验证，这样会造成方程缺少普遍性。

而 BWRS 状态方程除了添加密度的高次项，还添加了指数项，这样就在某种程度上避免了这些问题。

2.1.4　Benedict-Webb-Rubin-Starling 状态方程

BWRS 状态方程是将 BWR 状态方程进行修正而得到的，它保留了 BWR 状态方程中与密度关联的系数项，改变了与温度关联的系数项。BWRS 状态方程包含了计算轻烃组分的系数和决定烃类混合物气体系数的混合规则，它可以用于热力学性质计算和气液平衡计算。

BWRS 状态方程能够用于计算气体和液体的性质，其方程系数可以由公式算得，并且有适用于很多烃类的混合规则。

BWRS 状态方程是一个多参数状态方程，其基本形式为：

$$p = \rho RT + \left(B_0RT - A_0 - \frac{C_0}{T^2} + \frac{D_0}{T^3} - \frac{E_0}{T^4}\right)\rho^2 + \left(bRT - a - \frac{d}{T}\right)\rho^3 + \alpha\left(a + \frac{d}{T}\right)\rho^6 + \frac{c\rho^3}{T^2}(1 + \gamma\rho^2)\exp(-\gamma\rho^2) \tag{2-8}$$

式中：p ——系统压力，kPa；

T ——系统温度，K；

ρ ——气相或液相的密度，kmol/m^3；

R ——通用气体常数，8.3143 kJ/(kmol · K)。

方程中的A_0、B_0、C_0、D_0、E_0、a、b、c、d、α、γ这11个参数，必须通过经验得到。Starling提供了纯物质的临界性质和普适化的系数。一旦知道对于流体所附加的系数值（如临界参数、分子量等），所有的状态参数都可以用已知的状态来计算。但是，很多流体模型通过流动方程来计算压力和温度，而用状态方程来求解密度。由于BWRS状态方程求解密度是隐式的，需要通过迭代来计算，这样在大型管网计算中会花费很多时间和精力来进行密度计算。本书第4章将给出求解密度的快速算法。

2.2 BWRS状态方程中11个参数的因次分析

目前，工程中的许多实际问题尚不能用数学方法来求解。有时虽然导出了偏微分方程，但它是非线性的，难以得到精确解。这就不得不借助实验寻求规律性，此即经验公式的来源。经验公式能近似地在一定范围内符合实际。经验公式的导出和涉及某一物理现象的各种参数的合理排列有关。借助因次分析，把控制物理现象的各种参数化为无因次群的关系，为通过实验处理数据提供极大方便。

一个物理现象所包含的各物理量间的函数关系，如果选用一定的单位制，则其关系的函数式就确定了；若改变单位制，则函数关系可能受影响；必须具有特殊的函数关系的结构形式，函数关系式才能不受影响。有物理意义的代数表达式或完整的物理方程是因次和谐的，或称齐次的。一个方程如果因次上齐次，则方程的表达式不随基本单位的改变而改变。

本节对BWRS状态方程中的11个参数进行因次分析，希望通过BWRS状态方程各参数的改写将BWRS状态方程中的函数关系转化为无因次函数关系。

2.2.1 量纲分析

本章主要使用了以下物理量：p为系统压力，T为系统温度，V为流体的摩尔体积，ρ为流体的密度，R为通用气体常数，M为摩尔质量。本书默认的物理量单位及其量纲见表2-1。

表2-1　物理量单位及其量纲

序号	物理量	符号	单位	量纲分析
1	压力	p	Pa	$[ML^{-1}T^{-2}]$
2	质量密度	ρ_g	kg/m^3	$[ML^{-3}]$
3	摩尔密度	ρ	$kmol/m^3$	$[NL^{-3}]$
4	摩尔体积	V	$m^3/kmol$	$[L^3N^{-1}]$
5	通用（摩尔）气体常数	R	J/(kmol·K)	$[ML^2N^{-1}\Theta^{-1}T^{-2}]$
6	质量气体常数	R_g	J/(kg·K)	$[L^2T^{-2}\Theta^{-1}]$
7	压缩因子	Z	——	1
8	摩尔质量	M	kg/kmol	MN^{-1}

2.2.2　伪量纲分析

在对物理量进行量纲分析时，可能会将物理量及其量纲记混淆，下面将采用物理量单位分析法对量纲进行分析。该分析法被称为伪量纲分析法，易学易懂易用。

下面针对本书出现的常用单位进行伪量纲分析，这样有利于理解各物理量在计算过程中的单位匹配，并可以根据习惯设定自己的一套单位制。

在计算流体密度或体积时，可选取表2-2列出的单位。

表2-2　物理量及其单位

序号	物理量	符号	单位
1	压力	p	Pa
2			kPa
3			MPa
4	质量密度	ρ_g	kg/m^3
5	摩尔密度	ρ	$kmol/m^3$
6	摩尔体积	V	$m^3/kmol$
7	通用（摩尔）气体常数	R	J/(kmol·K)
8			kJ/(kmol·K)
9	质量气体常数	R_g	J/(kg·K)
10		R_g	kJ/(kg·K)
11	压缩因子	Z	——
12	摩尔质量	M	kg/kmol
13	定容比热	C_V	J/(kmol·K)
14			kJ/(kmol·K)
15	定压比热	C_p	J/(kmol·K)
16			kJ/(kmol·K)

续表2－2

序号	物理量	符号	单位
17	焓	H	J/kmol
18			kJ/kmol
19	熵	S	J/(kmol·K)
20			kJ/(kmol·K)
21	焦耳—汤姆逊系数	μ_J	K/Pa
22			K/kPa
23	等温压缩系数	k_T	J/m^3
24			kJ/m^3
25	绝热压缩系数/等熵压缩系数	k_s	J/m^3
26			kJ/m^3
27	体积膨胀系数	β_V	1/K

例 2.1 对 $Z=\dfrac{p}{\rho RT}$ 进行伪量纲分析，验证所选取的单位制的正确性。

解 (1) 取表 2－2 中的 1、4、9［即：压力 p－Pa，质量密度 ρ_g－kg/m^3，质量气体常数 R_g－J/(kg·K)，摩尔质量 M－kg/kmol］组合，分析 Z 的因次是否为 1。将各物理量单位代入式子推导可得：

$$Z=\frac{p}{\rho_g R_g T}\rightarrow\frac{\mathrm{Pa}}{\frac{\mathrm{kg}}{\mathrm{m}^3}\cdot\frac{\mathrm{J}}{\mathrm{kg}\cdot\mathrm{K}}\mathrm{K}}\rightarrow\frac{\mathrm{Pa}}{\frac{\mathrm{J}}{\mathrm{m}^3}}\rightarrow\frac{\frac{\mathrm{N}}{\mathrm{m}^2}}{\frac{\mathrm{N}\cdot\mathrm{m}}{\mathrm{m}^3}}=1$$

通过验证得出：以上单位组合正确。

注意：在对压力 p 单位的 Pa 进行分解时用到了 1 Pa 的物理意义：1 平方米的面积上受到的压力是 1 N，即 Pa→N/m^2；在对焦耳 J 进行分解时用到了焦耳的物理意义：用 1 牛顿的力作用于一物体使其发生 1 米的位移所做的机械功的大小，即 J→N·m。

(2) 取表 2－2 中的 2、5、7［即：压力 p－kPa，摩尔密度 ρ－ $kmol/m^3$，通用(摩尔）气体常数 R－ J/(kmol·K)，摩尔质量 M－kg/kmol］组合，分析 Z 的因次是否为 1。将各物理量单位代入式子推导可得：

$$Z=\frac{p}{\rho RT}\rightarrow\frac{\mathrm{kPa}}{\frac{\mathrm{kmol}}{\mathrm{m}^3}\cdot\frac{\mathrm{J}}{\mathrm{kmol}\cdot\mathrm{K}}\mathrm{K}}\rightarrow\frac{\mathrm{kPa}}{\frac{\mathrm{J}}{\mathrm{m}^3}}\rightarrow\frac{\frac{\mathrm{kN}}{\mathrm{m}^2}}{\frac{\mathrm{N}\cdot\mathrm{m}}{\mathrm{m}^3}}=1000$$

通过验证得出：以上单位组合不正确。

(3) 取表 2－2 中的 1、5、8［即：压力 p－Pa，摩尔密度 ρ－$kmol/m^3$，通用（摩尔）气体常数 R－kJ/(kmol·K)，摩尔质量 M－kg/kmol］组合，分析 Z 的因次是否为 1。将各物理量单位代入式子推导可得：

$$Z=\frac{p}{\rho RT}\rightarrow\frac{\mathrm{Pa}}{\frac{\mathrm{kmol}}{\mathrm{m}^3}\cdot\frac{\mathrm{kJ}}{\mathrm{kmol}\cdot\mathrm{K}}\mathrm{K}}\rightarrow\frac{\mathrm{Pa}}{\frac{\mathrm{kJ}}{\mathrm{m}^3}}\rightarrow\frac{\frac{\mathrm{N}}{\mathrm{m}^2}}{\frac{\mathrm{kN}\cdot\mathrm{m}}{\mathrm{m}^3}}=\frac{1}{1000}$$

通过验证得出：以上单位组合不正确。

由上式可知，在选取单位时数量级一定要匹配。

(4) 取表2−2中的2、5、10［即：压力 p−kPa，摩尔密度 ρ−kmol/m^3，质量气体常数 R_g− kJ/(kg·K)，摩尔质量 M−kg/kmol］组合，分析 Z 的因次是否为1。将各物理量单位代入式子推导可得：

$$Z=\frac{p}{\rho R_g T}\rightarrow\frac{\text{kPa}}{\frac{\text{kmol}}{\text{m}^3}\cdot\frac{\text{kJ}}{\text{kg}\cdot\text{K}}\text{K}}\rightarrow\frac{\text{kPa}}{\frac{\text{kmol}\cdot\text{kJ}}{\text{m}^3\cdot\text{kg}}}\rightarrow\frac{\frac{\text{kN}}{\text{m}^2}}{\frac{\text{kmol}}{\text{kg}}\cdot\frac{\text{kN}\cdot\text{m}}{\text{m}^3}}=\frac{\text{kg}}{\text{kmol}}\rightarrow\text{Mw}$$

通过验证得出：以上单位组合不正确。

由上式可知，在选取单位时单位组合一定要匹配。其实，前面已经讲过通用（摩尔）气体常数和质量气体常数的换算关系，质量气体常数等于通用（摩尔）气体常数与摩尔质量的比值，即：$R_g=R/M$。

例2.2 对 $Z=\frac{pV}{RT}$ 进行伪量纲分析，验证所选取的单位制的正确性。

解 取表2−2中的1、6、7［即：压力 p−Pa，摩尔体积 V−m^3/kmol，通用（摩尔）气体常数 R−J/(kmol·K)］组合，分析 Z 的因次是否为1。将各物理量单位代入式子推导可得：

$$Z=\frac{pV}{RT}\rightarrow\frac{\text{Pa}\cdot\frac{\text{m}^3}{\text{kmol}}}{\frac{\text{J}}{\text{kmol}\cdot\text{K}}\text{K}}\rightarrow\frac{\text{Pa}\cdot\text{m}^3}{\text{J}}\rightarrow\frac{\frac{\text{N}}{\text{m}^2}\cdot\text{m}^3}{\text{N}\cdot\text{m}}=1$$

通过验证得出：以上单位组合正确。

那么哪一套单位可以组合使用呢？表2−3将配套的单位制列出，供读者选用。

表2−3 推荐使用的物理量及其单位组合

组合	序号	物理量	符号	单位
1	1	压力	p	Pa
	2	质量密度	ρ_g	kg/m^3
	3	质量体积	V	m^3/kg
	4	质量气体常数	R_g	J/(kg·K)
	5	质量定容比热	C_V	J/(kg·K)
	6	质量定压比热	C_p	J/(kg·K)
	7	质量焓	H	J/kg
	8	质量熵	S	J/(kg·K)
	9	焦耳—汤姆逊系数	μ_J	K/Pa
	10	等温压缩系数	k_T	J/m^3
	11	绝热压缩系数/等熵压缩系数	k_s	J/m^3
	12	体积膨胀系数	β_V	1/K

续表2－3

组合	序号	物理量	符号	单位
2	1	压力	p	Pa
	2	摩尔密度	ρ	$kmol/m^3$
	3	摩尔体积	V	$m^3/kmol$
	4	通用（摩尔）气体常数	R	J/(kmol·K)
	5	摩尔定容比热	C_V	J/(kmol·K)
	6	摩尔定压比热	C_p	J/(kmol·K)
	7	摩尔焓	H	J/kmol
	8	摩尔熵	S	J/(kmol·K)
	9	焦耳—汤姆逊系数	μ_J	K/Pa
	10	等温压缩系数	k_T	J/m^3
	11	绝热压缩系数/等熵压缩系数	k_s	J/m^3
	12	体积膨胀系数	β_V	1/K
3	1	压力	p	kPa
	2	质量密度	ρ_g	kg/m^3
	3	质量体积	V	m^3/kg
	4	质量气体常数	R_g	kJ/(kg·K)
	5	质量定容比热	C_V	kJ/(kg·K)
	6	质量定压比热	C_p	kJ/(kg·K)
	7	质量焓	H	kJ/kg
	8	质量熵	S	kJ/(kg·K)
	9	焦耳—汤姆逊系数	μ_J	K/kPa
	10	等温压缩系数	k_T	kJ/m^3
	11	绝热压缩系数/等熵压缩系数	k_s	kJ/m^3
	12	体积膨胀系数	β_V	1/K
4	1	压力	p	kPa
	2	摩尔密度	ρ	$kmol/m^3$
	3	摩尔体积	V	$m^3/kmol$
	4	通用（摩尔）气体常数	R	kJ/(kmol·K)
	5	摩尔定容比热	C_V	kJ/(kmol·K)
	6	摩尔定压比热	C_p	kJ/(kmol·K)
	7	摩尔焓	H	kJ/kmol
	8	摩尔熵	S	kJ/(kmol·K)
	9	焦耳—汤姆逊系数	μ_J	K/kPa
	10	等温压缩性系数	k_T	kJ/m^3
	11	绝热压缩系数/等熵压缩系数	k_s	kJ/m^3
	12	体积膨胀系数	β_V	1/K

2.2.3　BWRS 状态方程中 11 个参数的量纲

下面将分析 BWRS 状态方程中 11 个参数的量纲和单位。

如取式（2−8）中的第一项和第二项作对比［临界密度 ρ_{ci} 的单位取为 $kmol/m^3$，通用气体常数 R 的单位取为 kJ/(kmol·K)，温度 T 的单位取为 K］，ρRT 和 $B_0RT\cdot\rho^2$ 这两项的量纲分析结果应该与压力 P 的量纲相同，于是可以得到采用式（2−8）时的 B_0 的单位为 $m^3/kmol$，其量纲和摩尔体积一样。将 B_0 代入式（2−11）第一项可得到 A_1、B_1 为无量纲参数。同样的分析可得到其他参数的单位和量纲。

2.2.4　BWRS 状态方程中 11 个参数的改写

基于上述分析，对 BWRS 状态方程各参数的改写见表 2−4。

表 2−4　改进后的参数

$R'=\dfrac{R}{M}$	$A'=\dfrac{A_0}{M^2}$	$B'=\dfrac{B_0}{M}$	$C'=\dfrac{C_0}{M^2}$	$D'=\dfrac{D_0}{M^2}$	$E'=\dfrac{E_0}{M^2}$
$a'=\dfrac{a}{M^3}$	$b'=\dfrac{b}{M^2}$	$c'=\dfrac{c}{M^3}$	$d'=\dfrac{d}{M^3}$	$\alpha'=\dfrac{\alpha}{M^3}$	$\gamma'=\dfrac{\gamma}{M^2}$

11 个参数关联式仍保持不变，混合规则也保持不变，于是 BWRS 状态方程可转化为：

$$p=\rho R'T+\left(B'R'T-A'-\frac{C'}{T^2}+\frac{D'}{T^3}-\frac{E'}{T^4}\right)\rho^2+\left(b'R'T-a'-\frac{d'}{T}\right)\rho^3+\alpha'\left(a'+\frac{d'}{T}\right)\rho^6+\frac{c'\rho^3}{T^2}(1+\gamma'\rho^2)\exp(-\gamma'\rho^2) \tag{2-9}$$

式中：p——系统压力，M/LT^2；

T——系统温度，Θ；

ρ——气相的密度，M/L^3；

R'——气体常数；

M——平均摩尔质量。

式（2−9）中的物理单位用因次来表示。通过上述处理发现，方程中的 11 个参数量纲并未转化为 1，但是，上述公式中的参数已经不受单位制限制，由 π 定理可知，此时该函数关系为无因次的函数关系。

按国标（GB 3102.8—1993、GB/T 19204—2020、SY/T 5922—2012、GB 3100—1993、GB 3101—1993）中推荐参数字母所代表的含义，将方程中的参数进行改写，其意义仍为改写过的 BWRS 状态方程（MBWRSY 状态方程）：

$$p=\rho RT+\left(B_0RT-A_0-\frac{C_0}{T^2}+\frac{D_0}{T^3}-\frac{E_0}{T^4}\right)\rho^2+\left(bRT-a-\frac{d}{T}\right)\rho^3+\alpha\left(a+\frac{d}{T}\right)\rho^6+\frac{c\rho^3}{T^2}(1+\gamma\rho^2)\exp(-\gamma\rho^2) \tag{2-10}$$

式中：p——系统压力，kPa；

T——系统温度，K；

ρ——气相或液相的密度，kg/m³；

R——质量气体常数，通用气体常数/M，kJ/(kg·K)；

M——平均摩尔质量，kg/kmol。

式（2−10）中，A_0、B_0、C_0、D_0、E_0、a、b、c、d、α、γ 为状态方程的 11 个参数。对于纯组分的这 11 个参数，可由临界参数（临界温度 T_{ci}、临界密度 ρ_{ci}）及偏心因子 ω_i 的下列关联式求得：

$$\left.\begin{aligned}
&\rho_{ci}B_{0i}=A_1+B_1\omega_i,\ \rho_{ci}^3\alpha_i=A_7+B_7\omega_i,\\
&\frac{\rho_{ci}A_{0i}}{RT_{ci}}=A_2+B_2\omega_i,\ \frac{\rho_{ci}^2c_i}{RT_{ci}^3}=A_8+B_8\omega_i,\\
&\frac{\rho_{ci}C_{0i}}{RT_{ci}^3}=A_3+B_3\omega_i,\ \frac{\rho_{ci}^2d_i}{RT_{ci}^2}=A_{10}+B_{10}\omega_i,\\
&\rho_{ci}^2\gamma_i=A_4+B_4\omega_i,\ \frac{\rho_{ci}D_{0i}}{RT_{ci}^4}=A_9+B_9\omega_i,\\
&\rho_{ci}^2b_i=A_5+B_5\omega_i,\ \frac{\rho_{ci}E_{0i}}{RT_{ci}^5}=A_{11}+B_{11}\omega_i e^{-3.8\omega_i},\\
&\frac{\rho_{ci}^2a_i}{RT_{ci}}=A_6+B_6\omega_i
\end{aligned}\right\}\tag{2-11}$$

式中：A_i、B_i——通用常数（$i=1,2,3,\cdots,11$），见表 2−5。

表 2−5 通用常数 A_i 和 B_i 的值

i	A_i	B_i	i	A_i	B_i
1	0.443690	0.115449	7	0.0705233	−0.044448
2	1.284380	−0.920731	8	0.5040870	1.322450
3	0.356306	1.708710	9	0.0307452	0.179433
4	0.544979	−0.270896	10	0.0732828	0.463492
5	0.528629	0.349261	11	0.0065000	−0.022143
6	0.484011	0.754130			

对于混合物，BWRS 状态方程应采用如下混合规则进行计算：

$$
\left.
\begin{aligned}
A_0 &= \sum_i \sum_j y_i y_j A_{0i}^{0.5} A_{0j}^{0.5} (1 - K_{ij}), a = \left[\sum_i y_i a_i^{1/3} \right]^3 \\
B_0 &= \sum_i y_i B_{0i}, b = \left[\sum_i y_i b_i^{1/3} \right]^3 \\
C_0 &= \sum_i \sum_j y_i y_j C_{0i}^{0.5} C_{0j}^{0.5} (1 - K_{ij})^3, c = \left[\sum_i y_i c_i^{1/3} \right]^3 \\
D_0 &= \sum_i \sum_j y_i y_j D_{0i}^{0.5} D_{0j}^{0.5} (1 - K_{ij})^4, d = \left[\sum_i y_i d_i^{1/3} \right]^3 \\
E_0 &= \sum_i \sum_j y_i y_j E_{0i}^{0.5} E_{0j}^{0.5} (1 - K_{ij})^5, \alpha = \left[\sum_i y_i \alpha_i^{1/3} \right]^3 \\
\gamma &= \left[\sum_i y_i \gamma_i^{1/2} \right]^2
\end{aligned}
\right\} \tag{2-12}
$$

式中：y_i ——气相或液相混合物中第 i 组分的摩尔分数；

K_{ij} ——第 i、j 组分间的交互作用系数（$K_{ij} = K_{ji}$）。

K_{ij} 表示实际混合物和理论混合物所发生的偏差，K_{ij} 越大，说明偏差越大；对于同一种组分，$K_{ij}=0$。Starling 给出了 18 种常见组分间的 K_{ij} 数据。

2.2.5　二元交互作用系数的改进

Starling 给出了 18 种常见组分间的 K_{ij} 数据，但是对于天然气多样化的组分还是显得有些少，引用商业软件 TGNET 对 BWRS 状态方程所做的修正，增添了一些常见组分及其二元交互作用系数。MBWRSY 模型中的二元交互作用系数 K_{ij} 见表 2−6。

表 2-6　BWRS模型中的二元交互作用系数 K_{ij}

	C_1	C_2	C_3	$i-C_4$	$n-C_4$	$i-C_5$	$n-C_5$	C_6	C_7	C_8	C_9	C_{10}	C_{11}	C_7+	N_2	CO_2	H_2S	H_2	H_2O	He	O_2	C_6H_6	C_7H_8	C_2H_4	C_3H_6
C_1	0	0.0100	0.0230	0.0275	0.0310	0.0360	0.0410	0.0500	0.0600	0.0700	0.0810	0.0920	0.1010	0.0600	0.025	0.050	0.050	0	0.15	0.025	0.025	0.0500	0.0600	0.0100	0.0210
C_2		0	0.0031	0.0040	0.0045	0.0050	0.0060	0.0070	0.0085	0.0100	0.0120	0.0130	0.0150	0.0085	0.070	0.048	0.045	0	0.12	0.070	0.070	0.0070	0.0085	0	0.0030
C_3			0	0.0030	0.0035	0.0040	0.0045	0.0050	0.0065	0.0080	0.0100	0.0110	0.0130	0.0065	0.100	0.045	0.040	0	0.10	0.100	0.100	0.0050	0.0065	0.0031	0
$i-C_4$				0	0	0.0008	0.0010	0.0015	0.0018	0.0020	0.0025	0.0030	0.0030	0.0018	0.110	0.050	0.036	0	0.10	0.110	0.110	0.0015	0.0018	0.0040	0.0030
$n-C_4$					0	0.0008	0.0010	0.0015	0.0018	0.0020	0.0025	0.0030	0.0030	0.0018	0.120	0.050	0.034	0	0.10	0.120	0.120	0.0015	0.0018	0.0045	0.0035
$i-C_5$						0	0	0	0	0	0	0	0	0	0.134	0.050	0.028	0	0.10	0.134	0.134	0	0	0.0050	0.0040
$n-C_5$							0	0	0	0	0	0	0	0	0.134	0.050	0.028	0	0.10	0.148	0.148	0	0	0.0060	0.0045
C_6								0	0	0	0	0	0	0	0.172	0.050	0	0	0.10	0.172	0.172	0	0	0.0070	0.0050
C_7									0	0	0	0	0	0	0.200	0.050	0	0	0.10	0.200	0.200	0	0	0.0085	0.0065
C_8										0	0	0	0	0	0.228	0.050	0	0	0.10	0.228	0.228	0	0	0.0100	0.0080
C_9											0	0	0	0	0.264	0.050	0	0	0.10	0.264	0.264	0	0	0.0100	0.0080
C_{10}												0	0	0	0.294	0.050	0	0	0.10	0.294	0.294	0	0	0.0130	0.0110
C_{11}													0	0	0.322	0.050	0	0	0.10	0.322	0.322	0	0	0.0150	0.0130
C_7+														0	0.200	0.050	0	0	0.10	0.200	0.200	0	0	0.0085	0.0065
N_2															0	0	0	0	0	0	0	0	0	0.0700	0.1000
CO_2																0	0.035	0	0	0.035	0	0	0	0.0480	0.0450
H_2S																	0	0	0	0	0	0	0	0.0450	0.0400
H_2																		0	0	0	0	0	0	0	0
H_2O																			0	0	0	0	0	0.1000	0.1000
HE																				0	0	0.0500	0.0500	0.0700	0.1000
O_2																					0	0.0500	0.0500	0.0700	0.1000
C_6H_6																						0	0	0.0070	0.0050
C_7H_8																							0	0.0080	0.0065
C_2H_4																								0	0.0030
C_3H_6																									0

2.3　本章小结

本章引入了伪量纲分析的概念和方法，对 BWRS 状态方程的 11 个参数进行了改写，使得 BWRS 状态方程的函数关系为无因次的函数关系；引入 BWRS 新进展的研究成果，添加了常用组分及其二元交互作用系数。

第3章　焓、熵和比热公式

1985年，德国汉堡（Hamburg-Harburg）科技大学Brunner教授的研究小组就开始开发程序PE（Phase Equilibria）。1991年，Oliver Pfohl致力于热力循环；直到1997年，Stanimir Petkov用Digital（Compaq）Visual Fortran开发了基于Windows界面的程序。该研究小组对97个状态方程进行了研究，其软件使用了多于40个状态方程、7个不同的混合规则来对物性参数进行预测。

1998年，雅典国家科技大学的S. Stamataki和D. Tassios重点讨论了用基于VLE（Vapor-Liquid Equilibrium）的二元和多元组分合成混合物实验数据t-mPR EOS（modified and translated PR EOS）来预测高压下的气液平衡。

2000年，S. Stamataki和K. Magoulas在对中国北部、加拿大、希腊、意大利等地区的天然气组分进行研究的基础上，提出了应用现有的热力学模型相关参数，针对高含硫天然气相平衡及热物性进行预测。其方法包括：首先，预测纯H_2S的热力学性质；其次，用二元VLE数据来评估H_2S和烃类混合物的交互参数，然后推广这一关联；最后，运用传统的热力学模型和立方状态方程，来预测相特性和合成混合物及高含硫天然气流体的体积性质。

2002年，特兰西瓦尼亚大学的Anca DUTA运用Van der Waals混合规则和修正的二元交互作用系数，发现了依赖于温度的交互系数。这一关联适用于C_2到C_{44}，并且用PR状态方程和SRK状态方程预测计算气液平衡，取得了良好的结果。

2006年，Kh. Nasrifar和O. Bolland在文章中用10个常用的状态方程求解天然气的热物性参数，并进行了比较，提出了自己的模型方程。

2006年，David Van Peursem和Francisco Braña-Mulero在AIChE年度会议上所做的报告中提出，提高模拟精度的一个重要因素就是尽量提高模拟所要用的基础参数的精确度，并且给出了热力学数据分析优化软件——TDM软件的介绍。

2006年，Mert Atilhan、Saquib Ejaz和Prashant Patil等人发明了一个基于PR状态方程的能够高精度测量宽范围（−3.15℃～66.85℃，3.447～34.474 MPa）内的天然气密度的装置。这对于商业上天然气的精确计量和经济往来有很大帮助。

2007年11月，美国化学工程师协会在犹他州盐湖城举行的年度会议中，推出了可以嵌入EXCEL、MATLAB、VB、VBA、Delphi、FORTRAN、C＃等软件的产品ProSim，在计算热物性参数方面，该软件具有计算传输性质（如等压比热、动力粘度、导热系数、密度、摩尔体积、摩尔密度、表面张力、分子量）的功能；在热力学性质方面，该软件可以计算焓、熵、内能、定容比热、汽化焓；在可压缩性方面，该软件可以计算压缩因子、比热比、声速；在非理想性质方面，该软件可以计算活度系数、逸度系数和逸度、逸度系数曲线；此外，该软件还可以计算气—液相平衡、液—液相平衡、液—液—气相平衡。

美国能源部和美国国家能源技术实验室（NETL）赞助的国家甲烷水合物研发基金项目的一部分——GasEOS物理性质模型，在线提供了天然气物性参数的求解，用户可以直接在网页上选择和输入相应参数（选择状态方程及单位，输入组分含量，选择要计算的物性）来获得需要的结果，并可将其输出到文本。

粘度用来测量流体抗剪切的能力，它是温度、压力和分子种类的函数。气体粘度在很多领域都是一项重要的参数，如航天、化工、石油和天然气等众多领域。在天然气开采、输送、加工以及油藏工程中，都需要使用准确的天然气粘度值。例如，在计算雷诺数以及用油气藏渗透率计算流动方程时，都需要用到天然气粘度值。天然气组成、温度和压力的变化范围很广，并且劣质天然气源中往往含有一些酸性组分，比如硫化氢、二氧化碳。低压单原子气体的粘度，可以通过精确的Chapman-Enskog理论来计算，其结果的精度完全能满足工程需要。在API技术数据手册中，分别对低压下混合气体的粘度、高压下单一烃类气体及其混合物的粘度和高压下非烃类气体的粘度进行了计算，分别应用了不同的公式。国内外很多专家和学者对高压下的混合气体、含有酸性组分的气体进行了研究，提出了一些经验或半经验公式，得出一个通用公式。

对于不同条件下粘度计算的研究一直在进行中。

1951年，F. J. Krieger在美国空军兰德研究项目备忘录中对两个计算粘度的方程进行了分析，其误差分别为1.109%和1.717%。它是针对爆炸气体和火箭气体混合物的研究，所涉及的混合物种类不多，对应用于天然气的粘度分析还缺少数据。

1963年，印度拉贾斯坦邦大学理系的M. P. Saksena和S. C. Saxena拟合了多组分混合物的粘度公式和高温下气体的粘度公式。

1967年，Mario H. Gonzalez、Bukacek和Anthony L. Lee在文献中给出了温度从100 F到300 F、压力从200 psia到8000 psia的甲烷粘度实验数据，并且给出了温度最高到460 F、压力最高到10000 psia的预测曲线；遗憾的是没有给出可供预测的计算关系式。

1968年，美国国家航空与航天管理局的一份技术说明中，对极性和非极性气体进行了预测，精确度在0.7%～3.7%；由于预测公式需要偶极矩、沸点和沸点密度，这对工程实际来说有一些麻烦。

1986年，杨继盛在Lee、Gonzalez和Eakin于1966年提出的半经验公式的基础上，拟合了含有酸性气体CO_2、H_2S和N_2的公式。但其公式中的单位制非国际单位制。

1999年，朱刚、顾安忠、于向阳采用基于对应态原理的统一粘度模型对天然气气相和液相的粘度进行了预测。

2004年JEJE和L. Mattar在加拿大国际石油会议上的一篇报告中给出了用LGE方程与CKB方程来计算甜气和酸气的对比，对于甜气两者效果比较好，但是对于酸气两者差距就很大。

2007年，Bouzidi、S. Hanini、F. Souahi和B. Mohammedi等人用人工神经网络来计算中压下非极性气体的粘度，其精度高达1.39%和0.93%。

2007年，日本的Koichi Igarashi、Kenji Kawashima和Toshiharu Kagawa开发了

检测瞬时流体密度、粘度和流速的仪器。

LMNO工程研究和软件有限公司的在线气体粘度计算器，只要输入温度和相对密度就能计算气体粘度。该公司同时又推出了计算已知组分气体的粘度和压缩因子的在线计算器，但是其组分过少，并不能满足天然气工程的需要。

物质的温度、压力、相位和化学性质的变化中伴随着热效应，需要预测其焓、熵、比热的大小。这些属性（尤其是比热）也经常被用来关联其他物理性质和设计参数，如导热系数和普朗特数。本章介绍包括API技术数据手册的多个文献中的理想气体焓、比热和熵的计算多项式，并以实例进行对比分析。

3.1 纯组分理想气体热力学性质的预测

3.1.1 质量焓的计算

纯组分理想气体的质量焓计算公式为：

$$h_i^0 = k_1\left[A + B \cdot \frac{9T}{5} + C\left(\frac{9T}{5}\right)^2 + D\left(\frac{9T}{5}\right)^3 + E\left(\frac{9T}{5}\right)^4 + F\left(\frac{9T}{5}\right)^5\right] \quad (3-1)$$

式中：h_i^0 ——i 组分在温度为 T K时的质量焓，kJ/kg；

k_1 ——系数，2.326122；

T ——温度，K；

A，B，C，D，E，F ——常数，见表3-1。

3.1.2 定压比热的计算

纯组分理想气体的定压比热计算公式为：

$$c_{pi}^0 = k_2\left[B + 2C \cdot \frac{9T}{5} + 3D\left(\frac{9T}{5}\right)^2 + 4E\left(\frac{9T}{5}\right)^3 + 5F\left(\frac{9T}{5}\right)^4\right] \quad (3-2)$$

式中：c_{pi}^0 ——i 组分在温度为 T K时的定压比热，kJ/(kg·K)；

k_2 ——系数，4.187020。

3.1.3 定容比热的计算

纯组分理想气体的定容比热计算公式为：

$$c_{Vi}^0 = c_{pi}^0 - R_g \quad (3-3)$$

式中：c_{Vi}^0 ——i 组分在温度为 T K时的定容比热，kJ/(kg·K)；

R_g ——i 组分气体常数，R/M，kJ/(kg·K)；

M ——摩尔质量，kg/kmol。

3.1.4 质量熵的计算

纯组分理想气体的质量熵计算公式为：

$$s_i^0 = k_2\left[B\ln\left(\frac{9T}{5}\right)+2C\cdot\frac{9T}{5}+\frac{3}{2}D\left(\frac{9T}{5}\right)^2+\frac{4}{3}E\left(\frac{9T}{5}\right)^3+\frac{5}{4}F\left(\frac{9T}{5}\right)^4+G\right] \tag{3-4}$$

式中：s_i^0 ——i 组分在温度为 T K 时的质量熵，kJ/(kg·K)；

G ——常数，见表 3-1。

由于在 0 K 时 $h_i^0=0$，因此系数 A 必须为 0；但是这个系数可以不为 0，以便改善在高温下的吻合性。同样，在温度为 0 K 和一个大气压时，由于熵值为零，所以式（3-4）中的系数 B 和 G 必须为零，但是，考虑到当 $T=0$ 时，$\ln T=-\infty$，并且在0 K和 1 K 之间熵的差值非常小，所以 API 技术数据手册将一个大气压和 1 K 下的熵值设为 0。为简单起见，以 API 技术数据手册为依据，在表 3-1 内列出了 24 种纯组分理想气体的计算常数值，通过上面的方程即可计算得到这些组分的理想气体熵、焓和比热值。

表 3-1　理想气体焓、熵、比热方程中的常系数

序号	组分	A	B	$C\times10^3$	$D\times10^6$	$E\times10^{10}$	$F\times10^{14}$	G	T_{min} (R)	T_{max} (R)
	非烃									
1	O_2	−0.34466	0.221724	−0.02052	0.030639	−0.10861	0.130606	0.148409	90	2700
2	H_2	12.32674	3.199617	0.392786	−0.29345	1.090069	−1.38787	−3.93825	280	2200
3	H_2O	−1.93001	0.447642	−0.0219	0.030496	−0.05662	0.027722	−0.30025	90	2700
4	NO_2	4.68688	0.14615	0.037653	0.017707	−0.10867	0.162378	0.283892		
5	H_2S	−0.23279	0.237448	−0.02323	0.038812	−0.11329	0.114841	−0.04064	90	2700
6	N_2	−0.65665	0.254098	−0.01662	0.015302	−0.031	0.015167	0.048679	90	2700
7	CO	−0.35591	0.252843	−0.0154	0.016079	−0.03434	0.017573	0.105618	90	2700
8	CO_2	0.09688	0.158843	−0.03371	0.148105	−0.9662	2.073832	0.151147	90	1800
9	SO_2	0.41442	0.118071	0.014712	0.026964	−0.14882	0.230436	0.159456	90	2700
	链烷烃									
10	CH_4	−2.83857	0.538285	−0.21141	0.339276	−1.16432	1.389612	−0.50287	90	2700
11	C_2H_6	−0.01422	0.264612	−0.02457	0.291402	−1.28103	1.813482	0.083346	90	2700
12	C_3H_8	0.68715	0.160304	0.126084	0.18143	−0.91891	1.35485	0.260903	90	2700
13	$n-C_4H_{10}$	7.22814	0.099687	0.266548	0.054073	−0.42927	0.66958	0.345974	360	2700
14	$i-C_4H_{10}$	1.45956	0.09907	0.238736	0.091593	−0.59405	0.909645	0.307636	90	2700
15	$n-C_5H_{12}$	9.04209	0.111829	0.228515	0.086331	−0.54465	0.81845	0.183189	360	2700
16	$i-C_5H_{12}$	17.69412	0.015946	0.382449	−0.02756	−0.14304	0.295677	0.641619	360	2700
17	C_6H_{14}	12.99182	0.089705	0.265348	0.057782	−0.45221	0.702597	0.212408	360	2700

续表3－1

序号	组分	A	B	$C\times10^3$	$D\times10^6$	$E\times10^{10}$	$F\times10^{14}$	G	T_{min} (R)	T_{max} (R)
18	C_7H_{16}	13.08205	0.089776	0.260917	0.063445	－0.48471	0.755464	0.157764	360	2700
19	C_8H_{18}	15.33297	0.077802	0.279364	0.052031	－0.46312	0.750735	0.174173	360	2700
20	C_9H_{20}	19.09578	0.061466	0.295738	0.05078	－0.5037	0.84863	0.226279	360	1800
21	$C_{10}H_{22}$	－3.02428	0.203437	－0.03538	0.407345	－2.30769	4.2992	－0.45747	360	1800
22	$C_{11}H_{24}$	－2.37761	0.199863	－0.02963	0.402826	－2.29145	4.270709	－0.46183	360	1800
	烯烃									
23	C_2H_4	24.77789	0.149526	0.163711	0.081958	－0.47188	0.696487	0.724912	360	2700
24	C_3H_6	13.11935	0.10163	0.233045	0.04016	－0.33668	0.523905	0.614079	360	2700

纯组分理想气体焓图和纯组分理想气体熵图如图 3－1～图 3－3 所示。

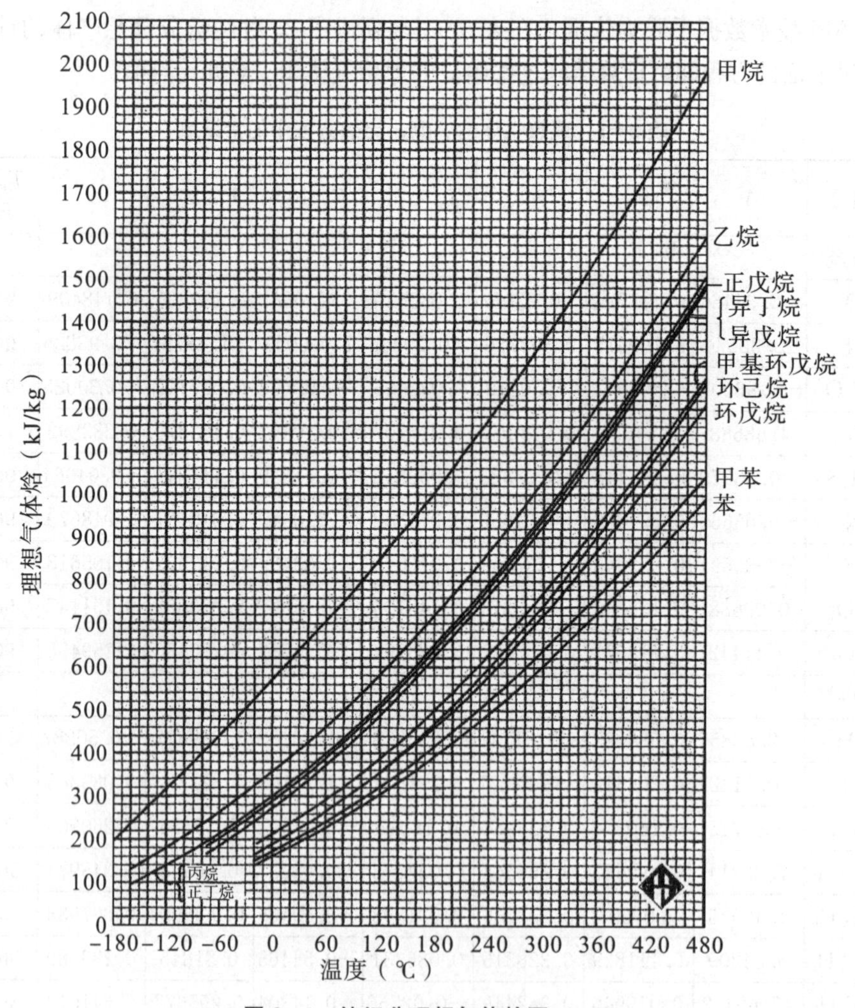

图 3－1　纯组分理想气体焓图（一）

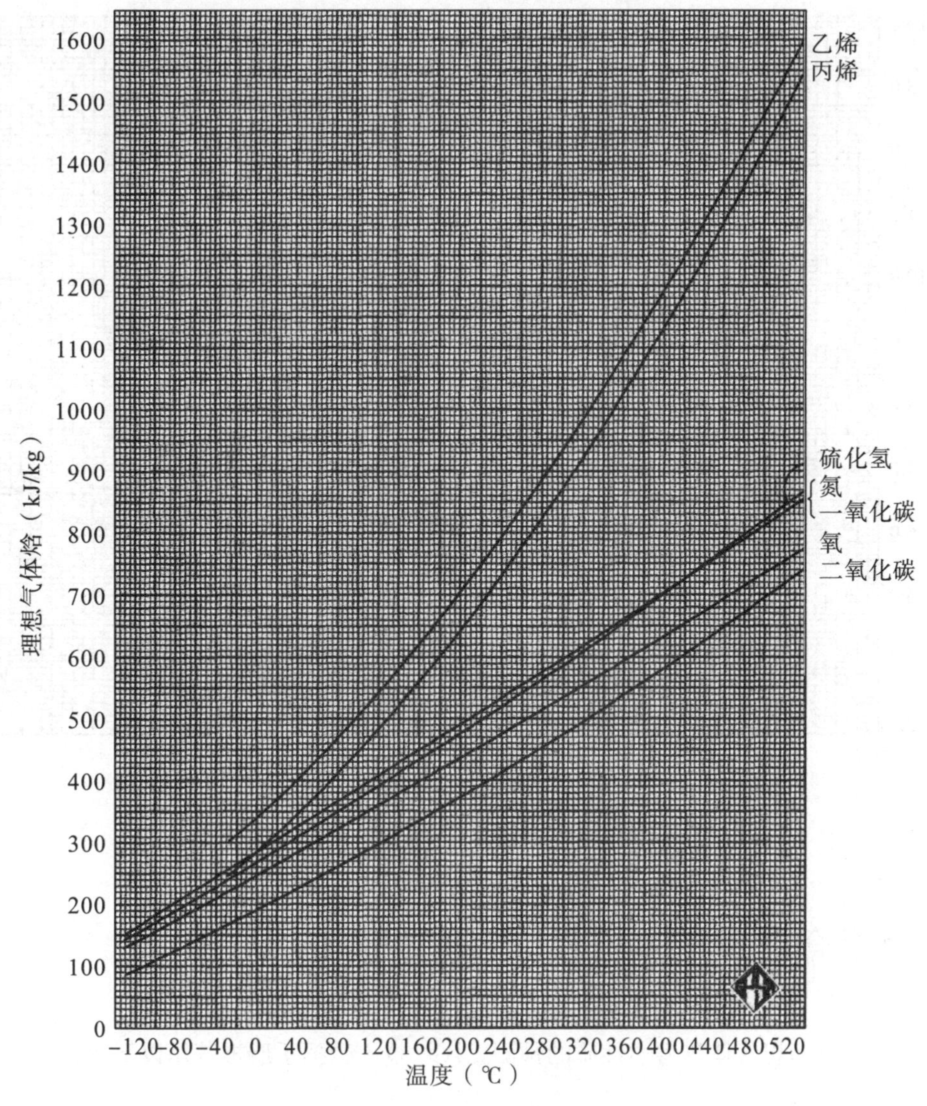

图 3−2　纯组分理想气体焓图（二）

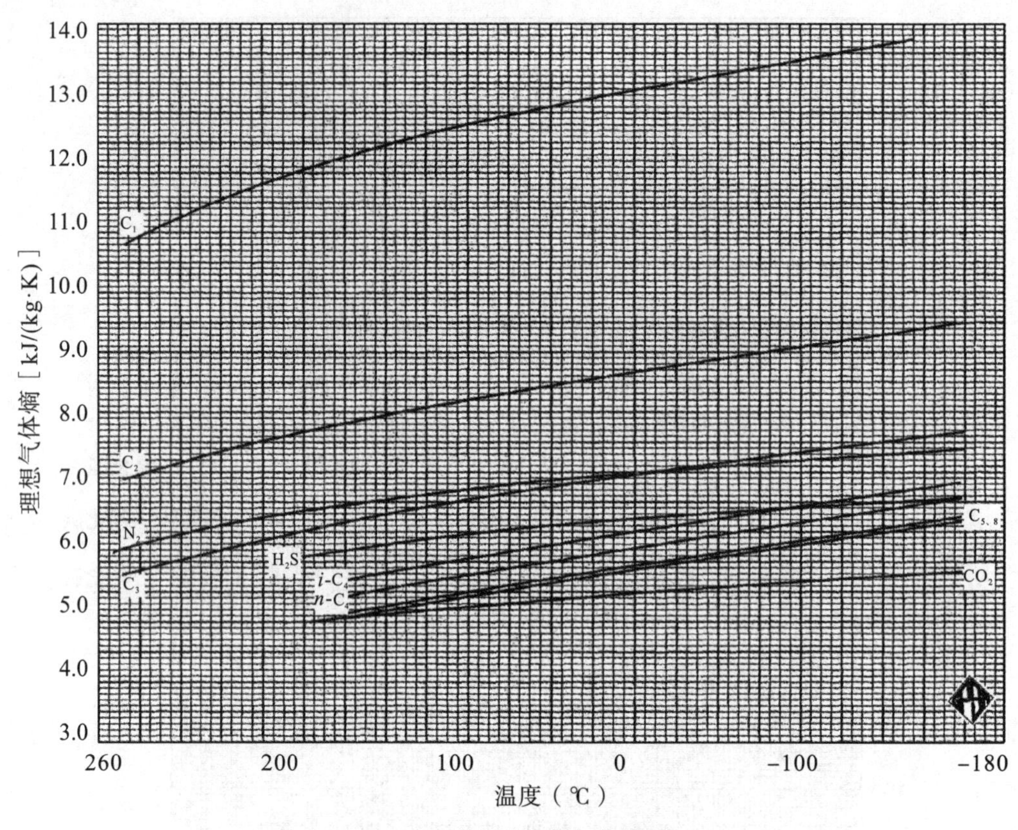

图 3−3　纯组分理想气体熵图

3.2　混合理想气体热力学性质的预测

对于混合理想气体热力学性质的预测，API 技术数据手册推荐用以下混合规则进行计算。

3.2.1　质量焓的计算

混合理想气体的质量焓计算公式为：

$$h^0 = \sum_{i=1}^{n} x_i h_i^0 \tag{3-5}$$

式中：h^0 ——混合理想气体的质量焓，kJ/kg；

x_i ——组分 i 的质量分数。

3.2.2　定压比热的计算

混合理想气体的定压比热计算公式为：

$$c_p^0 = \sum_{i=1}^{n} x_i c_{pi}^0 \tag{3-6}$$

式中：c_p^0 ——混合理想气体的定压比热，kJ/(kg · K)。

3.2.3　定容比热的计算

混合理想气体的定容比热计算公式为：

$$c_V^0 = \sum_{i=1}^{n} x_i c_{Vi}^0 \tag{3-7}$$

式中：c_V^0 ——混合理想气体的定容比热，kJ/(kg · K)。

3.2.4　质量熵的计算

混合理想气体的质量熵计算公式为：

$$s^0 = \sum_{i=1}^{n} x_i s_i^0 \tag{3-8}$$

式中：s^0 ——混合理想气体的质量熵，kJ/(kg · K)。

3.3　计算算例

通过将本章中介绍的 API 技术数据手册中的公式与 GPSA 工程数据手册中的图形和文献进行对比，分别选取烃类气体和非烃类气体，分析其准确度。本章进行研究分析的前提是参数所使用的标准状态和参比条件一致。

3.3.1　纯组分理想气体质量焓的计算

分别计算甲烷、乙烷、硫化氢和二氧化碳在理想状态下的质量焓，单位为 kJ/kg。理想状态下甲烷和乙烷的质量焓见表 3−2。

表 3−2　理想状态下甲烷和乙烷的质量焓

组分	温度（℃）	图 3−1 读取值（kJ/kg）	API 结果（kJ/kg）	相对误差	文献［24］结果（kJ/kg）	相对误差
甲烷	380	1620	1623.39	0.209259%	1775.620	9.606173%
	200	1060	1062.61	0.246226%	1213.290	14.461320%
	−80	400	398.65	−0.337500%	551.820	37.955000%

续表3-2

组分	温度（℃）	图 3-1 读取值 (kJ/kg)	API 结果 (kJ/kg)	相对误差	文献［24］结果 (kJ/kg)	相对误差
乙烷	420	1400	1400.93	0.066429%	1781.310	27.236430%
	60	460	459.43	-0.123910%	839.049	82.401960%
	-120	180	177.85	-1.194440%	557.280	209.600000%

理想状态下硫化氢和二氧化碳的质量焓见表 3-3。

表 3-3　理想状态下硫化氢和二氧化碳的质量焓

组分	温度（℃）	图 3-2 读取值 (kJ/kg)	API 结果 (kJ/kg)	相对误差	文献［24］结果 (kJ/kg)	相对误差
硫化氢	240	520	518.38	-0.31154%	518.11	-0.36346%
	50	320	318.47	-0.47812%	317.66	-0.73125%
	-100	170	169.94	-0.03529%	168.61	-0.81765%
二氧化碳	325	500	505.04	1.00800%	503.87	0.77400%
	45	230	229.75	-0.10870%	229.96	-0.01739%

3.3.2　纯组分理想气体质量熵的计算

分别计算硫化氢和二氧化碳在理想状态下的质量熵，单位为 kJ/(kg·K)。

理想状态下硫化氢和二氧化碳的质量熵见表 3-4。

表 3-4　理想状态下硫化氢和二氧化碳的质量熵

组分	温度（℃）	图 3-3 读取值 [kJ/(kg·K)]	API 结果 [kJ/(kg·K)]	相对误差	文献［24］结果 [kJ/(kg·K)]	相对误差
硫化氢	200	6.5	6.51	0.153846%	10.71	64.76923%
	35	6.1	6.07	-0.491800%	10.26	68.19672%
	-15	5.9	5.89	-0.169490%	10.08	70.84746%
二氧化碳	220	5.3	5.32	0.377358%	9.51	79.43396%
	20	4.8	4.84	0.833333%	9.03	88.12500%

3.3.3　纯组分理想气体比热的计算

苑伟民通过对文献中的数据进行重新分析拟合，提出了适应性较强的计算理想气体热容的公式，见式（3−9）。理想气体热容方程中的常系数见表3−5。

$$c_{p_i}^0 = \frac{A + BT + CT^2 + DT^3 + ET^4}{M_i} \tag{3-9}$$

式中：$c_{p_i}^0$——i 组分在温度为 T K时的定压热容，kJ/(kg・K)；

M_{i}——i 组分的相对分子量，kg/kmol。

表3−5 理想气体热容方程中的常系数

序号	组分	摩尔质量	A	B	C	D	E	T_{min} (K)	T_{max} (K)
	非烃								
1	O_2	31.999	3.01809E+01	−1.49159E−02	5.47081E−05	−4.99689E−08	1.48826E−11	50	1000
2	H_2	2.016	2.71430E+01	9.27380E−03	−1.38100E−05	7.64510E−09	0.00000E+00	50	1000
3	H_2O	18.015	3.22430E+01	1.92380E−03	1.05550E−05	−3.59600E−09	0.00000E+00	50	1000
4	NO_2	46.006	2.81511E+01	2.61095E−02	3.31519E−05	−4.88274E−08	1.64166E−11	50	1000
5	H_2S	34.076	3.19410E+01	1.43650E−03	2.43210E−05	−1.17600E−08	0.00000E+00	50	1000
6	N_2	28.013	3.11498E+01	−1.35652E−02	2.67955E−05	−1.16812E−08	0.00000E+00	50	1000
7	CO	28.010	2.95560E+01	−6.58070E−03	2.01300E−05	−1.22300E−08	2.26170E−12	60	1500
8	CO_2	44.010	2.70963E+01	1.12742E−02	1.24881E−04	−1.97381E−07	8.77990E−11	50	1000
9	SO_2	64.063	2.38520E+01	6.69890E−02	−4.96100E−05	1.32810E−08	0.00000E+00	50	1000
	链烷烃								
10	CH_4	16.043	3.49420E+01	−3.99570E−02	1.91840E−04	−1.53000E−07	3.93210E−11	50	1500
11	C_2H_6	30.070	3.47371E+01	−3.68074E−02	4.70589E−04	−5.52984E−07	2.06777E−10	50	1000
12	C_3H_8	44.097	3.19851E+01	4.26607E−02	4.99773E−04	−6.56248E−07	2.55997E−10	50	1000
13	$n-C_4H_{10}$	58.123	4.61194E+01	4.60280E−02	6.69883E−04	−8.78905E−07	3.43713E−10	200	1000
14	$i-C_4H_{10}$	58.123	9.48700E+00	3.31300E−01	−1.10800E−04	−2.82200E−09	0.00000E+00	50	1000
15	$n-C_5H_{12}$	72.151	6.28062E+01	−3.05966E−03	9.84912E−04	−1.24207E−06	4.78322E−10	200	1000
16	$i-C_5H_{12}$	72.151	1.62877E+01	3.17531E−01	2.02370E−04	−4.30265E−07	1.80005E−10	200	1000
17	C_6H_{14}	86.178	7.34236E+01	−1.38017E−03	1.18911E−03	−1.52268E−06	5.92311E−10	200	1000
18	C_7H_{16}	100.205	8.01000E+01	3.45542E−02	1.28822E−03	−1.66835E−06	6.46021E−10	200	1000
19	C_8H_{18}	114.232	8.99940E+01	4.14302E−02	1.47587E−03	−1.92368E−06	7.46624E−10	200	1000
20	C_9H_{20}	128.259	1.01035E+02	3.80379E−02	1.69745E−03	−2.22632E−06	8.70091E−10	200	1000
21	$C_{10}H_{22}$	142.286	1.11969E+02	3.44129E−02	1.92285E−03	−2.53395E−06	9.95222E−10	200	1000
22	$C_{11}H_{24}$	156.300	−8.39500E+00	1.05400E+00	−5.79900E−04	1.23700E−07	0.00000E+00	200	1000
	烯烃								
23	C_2H_4	28.054	3.80600E+00	1.56600E−01	−8.34800E−05	1.75500E−08	0.00000E+00	50	1000
24	C_3H_6	42.081	3.18770E+01	3.23676E−02	3.89774E−04	−4.99939E−07	1.89815E−10	50	1000

请采用苑伟民比热公式，计算各组分在温度为300 K时的理想气体热容，并以API技术数据手册中公式计算结果为准确值进行误差分析。

计算结果及误差分析见表3－6。

表3－6 计算结果及误差分析

序号	组分	API技术数据手册公式计算结果 a [kJ/(kg·K)]	式（3－9）计算结果 b [kJ/(kg·K)]	误差 $(b-a)/a\times100$
1	O_2	0.921	0.919	－0.217
2	H_2	14.36	14.330	－0.209
3	H_2O	1.872	1.869	－0.160
4	NO_2	0.821	0.821	0
5	H_2S	1.003	1.005	0.199
6	N_2	1.037	1.039	0.193
7	CO	1.039	1.038	－0.096
8	CO_2	0.837	0.843	0.717
9	SO_2	0.624	0.622	－0.321
10	CH_4	2.258	2.269	0.487
11	C_2H_6	1.759	1.756	－0.171
12	C_3H_8	1.688	1.681	－0.415
13	$n-C_4H_{10}$	1.719	1.708	－0.640
14	$i-C_4H_{10}$	1.689	1.700	0.651
15	$n-C_5H_{12}$	1.689	1.675	－0.829
16	$i-C_5H_{12}$	1.663	1.658	－0.301
17	C_6H_{14}	1.68	1.668	－0.714
18	C_7H_{16}	1.674	1.663	－0.657
19	C_8H_{18}	1.671	1.658	－0.778
20	C_9H_{20}	1.663	1.654	－0.541
21	$C_{10}H_{22}$	1.652	1.652	0
22	$C_{11}H_{24}$	1.65	1.657	0.424
23	C_2H_4	1.554	1.559	0.322
24	C_3H_6	1.547	1.538	－0.582

3.4 本章小结

理想气体质量熵、比热和质量焓的求解多项式本来就是一个拟合的近似公式，在求解时往往会有一定的误差。此外，误差的产生是由多方面引起的，包括拟合公式的误差、读图时的人为误差。本章实例采用读取图中的网格交叉点数值的方式，在很大程度上减小了读图误差。从计算结果可以看出，在同样的参比条件下，本章介绍的 API 技术数据手册中的计算公式精确度较高。

第4章　热物性参数求解的数值方法

本章在运用MBWRSY状态方程和第3章中理想气体的比焓、比熵、比热计算公式的基础上，给出了求解流体热物性参数的具体步骤，并对求解密度和压缩因子的方法进行了对比分析。

4.1　密度

将已知压力p、温度T代入式（2－10）进行计算，求解气体密度ρ。为方便求解，将其改写为如下形式：

$$f(\rho)=\rho RT+\left(B_0RT-A_0-\frac{C_0}{T^2}+\frac{D_0}{T^3}-\frac{E_0}{T^4}\right)\rho^2+\left(bRT-a-\frac{d}{T}\right)\rho^3+$$

$$\alpha\left(a+\frac{d}{T}\right)\rho^6+\frac{c\rho^3}{T^2}(1+\gamma\rho^2)\exp(-\gamma\rho^2)-p=0 \tag{4-1}$$

牛顿法是求解非线性方程时常用的方法。用牛顿法求解$f(x)=0$的根，每步除计算$f(x_k)$外还要计算$f'(x_k)$，当函数$f(x_k)$比较复杂时，计算$f'(x_k)$往往比较困难，为此可以利用求函数值$f(x_k)$，$f(x_{k-1})$，…来回避导数值$f'(x_k)$的计算，这类方法是建立在插值基础上的，最常用的两种是弦截法和抛物线法。

4.1.1　牛顿法

设已知方程$f(x)=0$有近似根x_0，函数$f(x)$在其零点邻近一节连续可微，且$f(x_0)\neq 0$，当x_0充分接近零点时，$f(x)$可用泰勒公式近似表示为$f(x)\approx f(x_0)+f'(x_0)(x-x_0)$，于是方程$f(x)=0$可近似地表示为$f(x_0)+f'(x_0)(x-x_0)=0$，取此$x$作为原方程的新近似值$x_1$，重复以上步骤，于是得到迭代公式：

$$x_{k+1}=x_k-\frac{f(x_k)}{f'(x_k)},\ n=0,1,2,\cdots \tag{4-2}$$

牛顿法实质上是一种线性化方法，其基本思想是将非线性方程$f(x)=0$逐步归结为某种线性方程来求解。

牛顿法有明显的几何意义解释。方程$f(x)=0$的根x^*可解释为曲线$y=f(x)$与x轴的交点的横坐标，如图4－1所示。设x_k是根x^*的某个近似值，过曲线$y=f(x)$上横坐标为x_k的点P_k引切线，并将该切线与x轴的交点的横坐标x_{k+1}作为x^*的新的近似值。注意到切线方程为 $y=f(x_k)+f'(x_k)(x-x_k)$，这样求得的值 x_{k+1} 必须满足 $f(x_k)+f'(x_k)(x-x_k)=0$，就是式（4－2）的计算结果，因此牛顿法又称为切线法。

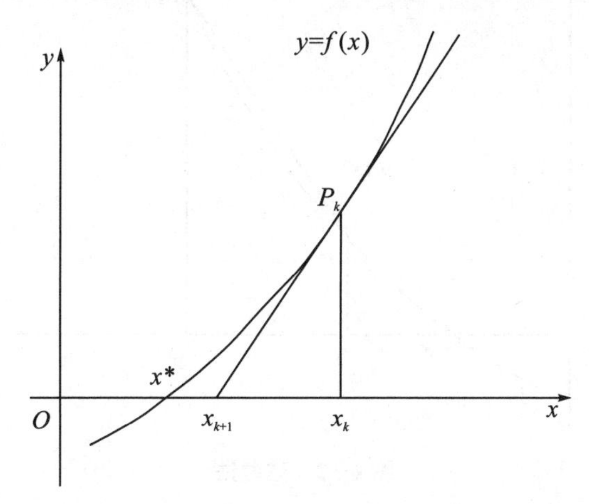

图 4－1　牛顿法

牛顿法求解需设 1 个初值 x_0，在求解 MBWRSY 状态方程密度根时，气体根可设为 $\rho_0=\dfrac{10p}{9RT}$，液体根可设为 $\rho_0=\dfrac{81p}{16RT}$。

迭代到 $|\rho_k-\rho_{k-1}|\leqslant\varepsilon$ 为止，取 $\varepsilon=10^{-6}$ 时，一般迭代 3～9 次即能收敛。

4.1.2　弦截法

设 x_k，x_{k-1} 是 $f(x)=0$ 的近似根，利用 $f(x_k)$，$f(x_{k-1})$ 构造一次插值多项式 $p_1(x)$，并利用 $p_1(x)=0$ 的根作为 $f(x)=0$ 的新的近似根 x_{k+1}。其几何意义为，曲线 $y=f(x)$ 上横坐标为 x_k，x_{k-1} 的点分别记为 P_k，P_{k-1}，则弦线 $\overline{P_kP_{k-1}}$ 的斜率等于差商值 $\dfrac{f(x_k)-f(x_{k-1})}{x_k-x_{k-1}}$，其方程是 $y=f(x_k)+\dfrac{f(x_k)-f(x_{k-1})}{x_k-x_{k-1}}(x-x_k)$，其根即为弦截法公式。

弦截法的迭代公式为：

$$x_{k+1}=x_k-\frac{f(x_k)}{f(x_k)-f(x_{k-1})}(x_k-x_{k-1})$$

即为：

$$x_{k+1}=\frac{f(x_k)x_{k-1}-f(x_{k-1})x_k}{f(x_k)-f(x_{k-1})}\tag{4-3}$$

按式（4－3）求得的 x_{k+1} 实际上是弦线 $\overline{P_kP_{k-1}}$ 与 x 轴交点的横坐标，如图 4－2 所示。

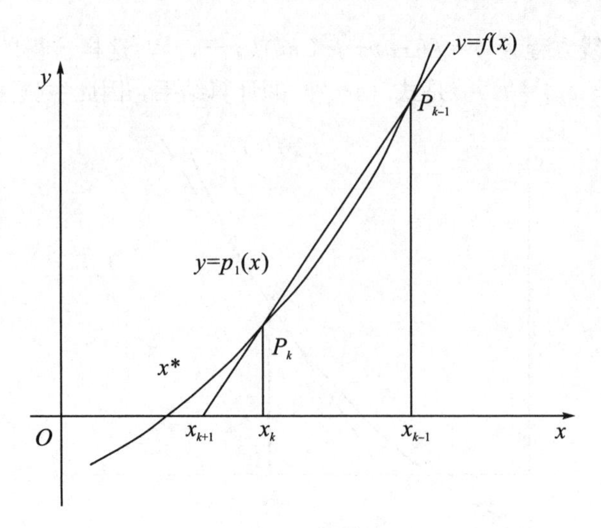

图 4−2　弦截法

弦截法求解需设两个初值 x_k，x_{k-1}；在求解式（4−3）时，气体根可设为 $\rho_1=\dfrac{p}{RT}$，$\rho_2=\dfrac{10p}{9RT}$；液体根可设为 $\rho_1=\dfrac{81p}{16RT}$，$\rho_2=\dfrac{25p}{4RT}$。

迭代到 $|\rho_k-\rho_{k-1}|\leqslant\varepsilon$ 为止，取 $\varepsilon=10^{-6}$时，一般迭代 3～5 次即能收敛。

4.1.3　抛物线法

设已知方程 $f(x)=0$ 的三个近似根 x_k，x_{k-1}，x_{k-2}，以这三个点为节点构造二次插值多项式 $p_2(x)$，并适当选取 $p_2(x)$的一个零点 x_{k+1} 作为新的近似根，这样确定的迭代过程称为抛物线法。在几何图形上，这种方法的基本思想是使用抛物线 $y=p_2(x)$ 与 x 轴的交点 x_{k+1} 作为所求根 x^* 的近似值，如图 4−3 所示。

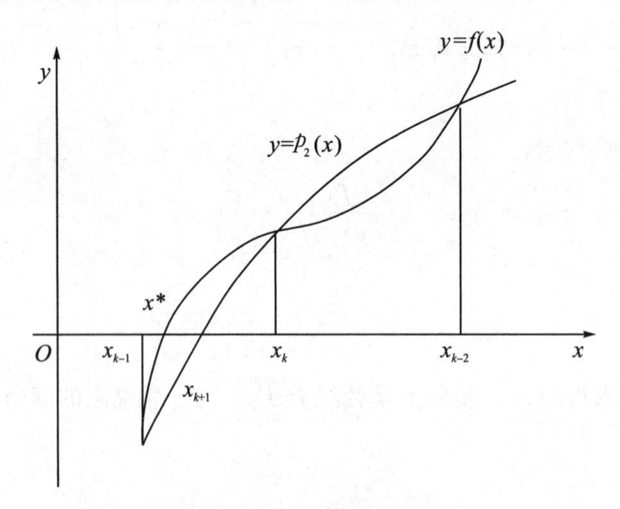

图 4−3　抛物线法

方程 $p_2(x)=f(x_k)+f[x_k,x_{k+1}](x-x_k)+f[x_k,x_{k-1},x_{k-2}](x-x_k)(x-x_{k-1})$ 有

两个零点，即为抛物线法的公式。

抛物线法的迭代公式为：

$$x_{k+1} = x_k - \frac{2f(x_k)}{\omega \pm \sqrt{\omega^2 - 4f(x)f[x_k, x_{k-1}, x_{k-2}]}} \tag{4-4}$$

其中

$$\omega = f[x_k, x_{k-1}] + f[x_k, x_{k-1}, x_{k-2}](x_k - x_{k-1}) \tag{4-5}$$

$f[x_k, x_{k-1}]$，$f[x_k, x_{k-1}, x_{k-2}]$分别为 x_k，x_{k-1}的一阶差商和 x_k，x_{k-1}，x_{k-2}的二阶差商。

抛物线法求解需设三个近似根 x_k，x_{k-1}，x_{k-2}，其中自然假定 x_k 为更接近所求的根 x^*；在求解式（4－4）时，可设三个气体根初值分别为 $\rho_0 = \frac{2p}{RT}$，$\rho_1 = \frac{10p}{9RT}$，$\rho_2 = \frac{p}{RT}$；可设三个液体根初值分别为 $\rho_0 = \frac{25p}{4RT}$，$\rho_1 = \frac{10p}{9RT}$，$\rho_2 = \frac{81p}{16RT}$。

迭代到 $|\rho_k - \rho_{k-1}| \leqslant \varepsilon$ 为止，取 $\varepsilon = 10^{-6}$时，一般迭代 2 次左右即能收敛。

4.1.4　算法对比

抛物线法的收敛速度比弦截法更接近于牛顿法，收敛速度快；但是与弦截法相比，它需要多设一个初值并且需要计算一阶差商和二阶差商，这样就增加了计算的复杂性。

通过对多个组分和多个状态下的天然气进行了算法分析，发现，算法不拘泥于采用何种组分的天然气及其所处的压力和温度。下面举其中一例来对算法进行计算效率的对比，这里按求解时间来做对比。

示例 1：采用 VB6 SP6 辅助编程，使用 MBWRSY 状态方程，对 $p = 5$ MPa，$t = 35$℃状态下的天然气进行密度求解。天然气各组分摩尔分数见表 4－1。

表 4－1　天然气各组分摩尔分数

天然气组分	摩尔百分数	天然气组分	摩尔百分数	天然气组分	摩尔百分数
CH_4	86.43%	$i-C_5H_{12}$	0.06%	N_2	0.62%
C_2H_6	1.83%	$n-C_5H_{12}$	0.05%	CO_2	10.10%
C_3H_8	0.49%	$n-C_6H_{14}$	0.05%	H_2O	0.01%
$i-C_4H_{10}$	0.12%	$n-C_7H_{16}$	0.09%		
$n-C_4H_{10}$	0.13%	$n-C_8H_{18}$	0.02%		

为了简单地模拟大型管网，将求解密度的程序循环 5 万次，得到表 4－2 的对比数据。

表 4－2　对比数据

方法	耗时/s	密度值/(kg/m^3)	单循环迭代次数
牛顿法	1.8609	42.184962	9
弦截法	0.4751	42.184962	5
抛物线法	1.1569	42.184962	3

注：(1) 上述计算采用 VB6 SP6 编程计算，不同编程软件，小数点后数字可能会有差异。
(2) 状态方程不同来源的计算常数，可能会导致计算结果有所差异。

从以上结果来看，3 种迭代算法在小数点后 4 位数内都可认为是精确解，能够满足工程需要。由以上分析可以看出，弦截法耗时较少，求解效率较高。数值算法对比见表 4－3。

表 4－3　数值算法对比

方法名称	收敛速度 r（单根时）	有效指数 R	重根时的收敛速度
区间半分法（二分法）	1	1	1，偶重根时失效
线性插值法（弦截法）	1.618	1.618	1.00
牛顿法	2.000	1.414	1.00
二次插值法（抛物线法）	1.840	1.840	二重根时为 1.23

牛顿法的收敛速度最快，但从有效指数看，其效率不如弦截法和抛物线法。且因为牛顿法用到了一阶导数，故它对易写出导数式的函数适宜，特别是当同时计算函数及其导数值并不比单独计算函数值增加太多工作量时，牛顿法的效率就比较高。在收敛性方面，实际使用时它对初始值的要求比较苛刻。因此，使用牛顿法进行计算必须具备良好的初值。

二分法是一种低效率的方法，且只能求实根。其优点是方法简单，且对函数的要求比较低，仅需函数本身连续。因此适用于光滑程度差的函数。

上述方法中，效率最高的是抛物线法。抛物线法的最大优点是在实际使用时对初值的要求不苛刻，即使用比较坏的初值，亦常可获得收敛；其缺点是编制程序较为复杂，并且即使计算实零点亦常需采用复运算过程，增加了不必要的工作量。

4.2　压缩因子

由式（2－10）可得：

$$Z = 1 + \left(B_0 - \frac{A_0}{RT} - \frac{C_0}{RT^3} + \frac{D_0}{RT^4} - \frac{E_0}{RT^5}\right)\rho + \left(b - \frac{a}{RT} - \frac{d}{RT^2}\right)\rho^2 + \frac{\alpha}{RT}\left(a + \frac{d}{T}\right)\rho^5 + \frac{c\rho^2}{RT^3}(1 + \gamma\rho^2)\exp(-\gamma\rho^2) \tag{4-6}$$

由气体状态方程 $p = Z\rho RT$ 可得：

$$Z = \frac{p}{\rho RT} \tag{4-7}$$

当求解出密度后，计算压缩因子，推荐使用式（4−7）；这样不仅计算简单，而且小数点后 6 位精度和式（4−6）一样，都能满足工程实际需要。

同样可以用式（4−6）先求出压缩因子，然后用式（4−7）来计算密度。

4.3　焓

因为焓是一个相对量值，设理想气体状态时在绝对零度时焓值为零。

4.3.1　理想气体的焓

理想气体的焓可以用式（3−1）和式（3−5）来计算。

4.3.2　实际气体的焓

单位质量的气体从一个参考状态 T_0 和 p_0 到另一个状态 T 和 p 的焓变，可根据基本热力学关系由式（4−8）算出：

$$dh = c_p dT + \left[v - T\left(\frac{\partial v}{\partial T}\right)_p\right]dp \tag{4-8}$$

对于等温过程，$dT = 0$，即有：

$$h - h^0 = \frac{p}{\rho} - RT + \int_0^\rho \left[p - T\left(\frac{\partial p}{\partial T}\right)_\rho\right]\frac{d\rho}{\rho^2} \tag{4-9}$$

将 MBWRSY 状态方程代入即可导出气相或者液相等温焓差的计算公式：

$$h - h^0 = \left(B_0 RT - 2A_0 - \frac{4C_0}{T^2} + \frac{5D_0}{T^3} - \frac{6E_0}{T^4}\right)\rho + \frac{1}{2}\left(2bRT - 3a - \frac{4d}{T}\right)\rho^2 + \frac{1}{5}\alpha\left(6a + \frac{7d}{T}\right)\rho^5 + \frac{c}{\gamma T^2}\left[3 - \left(3 + \frac{\gamma\rho^2}{2} - \gamma^2\rho^4\right)\exp(-\gamma\rho^2)\right] \tag{4-10}$$

气体常数 R 的单位采用 kJ/(kg·K) 时，求得焓的单位为 kJ/kg，计算过程无须进行单位转换。

4.4　比热

4.4.1　理想气体的定压比热

理想气体的定压比热可以用式（3−2）和式（3−6）来计算。

4.4.2 理想气体的定容比热

理想气体的定容比热可以用式（3-3）和式（3-7）来计算。

4.4.3 实际气体的定压比热

高压下，定压比热与定容比热的关系为：

$$c_p - c_V = \frac{T}{\rho^2} \cdot \frac{\left(\frac{\partial p}{\partial T}\right)_\rho^2}{\left(\frac{\partial p}{\partial \rho}\right)_T} \tag{4-11}$$

将 MBWRSY 状态方程进行微分运算可得：

$$\left(\frac{\partial p}{\partial T}\right)_\rho = \rho R + \left(B_0 R + \frac{2C_0}{T^3} - \frac{3D_0}{T^4} + \frac{4E_0}{T^5}\right)\rho^2 + \left(bR + \frac{d}{T^2}\right)\rho^3 - \frac{\alpha d}{T^2}\rho^6 - \frac{2c\rho^3}{T^3}(1+\gamma\rho^2)\exp(-\gamma\rho^2) \tag{4-12}$$

$$\left(\frac{\partial p}{\partial \rho}\right)_T = RT + 2\rho\left(B_0 RT - A_0 - \frac{C_0}{T^2} + \frac{D_0}{T^3} - \frac{E_0}{T^4}\right) + 3\left(bRT - a - \frac{d}{T}\right)\rho^2 + 6\alpha\left(a + \frac{d}{T}\right)\rho^5 + \frac{c\rho^2}{T^2}(3 + 3\gamma\rho^2 - 2\gamma^2\rho^4)\exp(-\gamma\rho^2) \tag{4-13}$$

由上述公式即可算出定压比热，气体常数 R 的单位采用 kJ/(kg · K) 时，求得的定压比热单位为 kJ/(kg · K)。

4.4.4 实际气体的定容比热

高压下，真实气体的定容比热和定压比热与理想气体的值差别很大，根据热力学分析，高压下的定容比热为：

$$c_V = c_V^0 + \int_0^\rho \left(-\frac{T}{\rho^2}\right)\left(\frac{\partial^2 \rho}{\partial T^2}\right)_\rho \mathrm{d}\rho \tag{4-14}$$

将 MBWRSY 状态方程代入可得：

$$c_V = c_V^0 + \left(\frac{6C_0}{T^3} - \frac{12D_0}{T^4} + \frac{20E_0}{T^5}\right)\rho + \frac{d}{T^2}\rho^2 - \frac{2\alpha d}{5T^2}\rho^5 + \frac{3c}{\gamma T^3}\left[(\gamma\rho^2 + 2)\exp(-\gamma\rho^2) - 2\right] \tag{4-15}$$

气体常数 R 的单位采用 kJ/(kg · K) 时，求得定容比热单位为 kJ/(kg · K)，计算过程无须进行单位转换。

4.5　绝热指数

在输气管道计算中，需要用到绝热指数或者比热比，如计算多变能量头。

在低压下做热力计算时，通常用到的气体绝热指数为：

$$k = \frac{c_p}{c_V} \tag{4-16}$$

在高压下求解绝热过程中的状态参数，需要使用不同状态下的绝热指数，如温度绝热指数 k_T 或容积绝热指数 k_V。此时，$k = \frac{c_p}{c_V}$ 只能称为定压、定容比热比，而不能称为绝热指数。

由绝热过程中的 PVT 关系可知：

$$\frac{T_2}{T_1} = \left(\frac{p_2}{p_1}\right)^{\frac{k_T-1}{k_T}} \text{或} T \cdot p^{-\frac{k_T-1}{k_T}} = c \tag{4-17}$$

$$\frac{p_2}{p_1} = \left(\frac{\rho_2}{\rho_1}\right)^{k_V} \text{或} p \cdot \rho^{-k_V} = c \tag{4-18}$$

对上述公式取对数并求微分，经热力学推演得到：

$$\frac{k_T - 1}{k_T} = \frac{p}{\rho^2 c_p} \cdot \frac{\left(\frac{\partial p}{\partial T}\right)_\rho}{\left(\frac{\partial p}{\partial \rho}\right)_T} \tag{4-19}$$

$$k_V = \frac{\rho}{p} \cdot \frac{c_p}{c_V} \cdot \left(\frac{\partial p}{\partial \rho}\right)_T \tag{4-20}$$

将式（4−12）和式（4−13）代入即可算出结果。

4.6　熵

本节将用 MBWRSY 状态方程进行熵的求解。

4.6.1　理想气体的熵

理想气体的熵值可以用式（3−4）和式（3−8）计算。

4.6.2　实际气体的熵

根据热力学关系式：

$$\mathrm{d}s = c_V \frac{\mathrm{d}T}{T} - \left(\frac{\partial p}{\partial T}\right)_\rho \frac{\mathrm{d}p}{\rho^2} \tag{4-21}$$

或

$$\mathrm{d}s = c_p \frac{\mathrm{d}T}{T} - \left(\frac{\partial \rho}{\partial T}\right)_p \frac{\mathrm{d}p}{\rho^2} \tag{4-22}$$

对等温熵差有：

$$\mathrm{d}s = -\left(\frac{\partial p}{\partial T}\right)_\rho \frac{\mathrm{d}\rho}{\rho^2} \tag{4-23}$$

对式（4−23）积分可得：

$$s - s^0 = -\int_0^\rho \left(\frac{\partial p}{\partial T}\right)_\rho \frac{\mathrm{d}\rho}{\rho^2} \tag{4-24}$$

将 MBWRSY 状态方程代入式（4−24）可得：

$$s = s^0 - R\ln\frac{\rho RT}{101.325} - \left(B_0 R + \frac{2C_0}{T^3} - \frac{3D_0}{T^4} + \frac{4E_0}{T^5}\right)\rho - \frac{1}{2}\left(bR + \frac{d}{T^2}\right)\rho^2 + \frac{\alpha}{5}\cdot\frac{d}{T^2}\rho^5 + \frac{2c}{\gamma T^3}\left[1 - \left(1 + \frac{1}{2}\gamma\rho^2\right)\exp(-\gamma\rho^2)\right] \tag{4-25}$$

值得指出的是，式（4−25）中第二项$\left(-R\ln\frac{\rho RT}{101.325}\right)$，如果气体常数 R 单位为 J/(kg·K) 或者为 J/(kmol·K)，应该对应改写为 $-R\ln\frac{\rho RT}{101325}$。气体常数 R 的单位采用 kJ/(kg·K) 时，求得的熵的单位为 kJ/(kg·K)，计算过程无须进行单位换算。

4.7 焦耳—汤姆逊系数

气体在流道中经过突然缩小的断面（如管道上的针形阀、孔板等），产生强烈的涡流，使压力下降，这种现象称为节流。如果在节流过程中气流与外界没有热交换，则称为绝热节流。

真实气体的焓不但与温度有关，也与压力有关。所以对于真实气体，节流以后压力下降，通常也造成温度下降，这称为节流的正效应。当气体的节流前温度超过最大转变温度（约为临界温度的 4.85～6.2 倍）时，节流后压力下降，会造成温度上升，这称为节流负效应。节流效应又称焦耳—汤姆逊效应。温度下降数值与压力下降数值的比值称为节流效应系数，又称焦耳—汤姆逊效应系数，即：

$$D_i = \lim_{\Delta p \to 0}\left(\frac{\Delta t}{\Delta p}\right)_h = \left(\frac{\partial t}{\partial p}\right)_h$$

节流效应系数的意义是：下降单位压力时的温度变化值。它随压力、温度而变化。

由热力学关系式可以导出节流效应系数 D_i 的计算式：

$$D_i = \frac{1}{c_p}\left[\frac{T}{\rho^2}\cdot\frac{\left(\frac{\partial p}{\partial T}\right)_\rho}{\left(\frac{\partial p}{\partial \rho}\right)_T} - \frac{1}{\rho}\right] \tag{4-26}$$

将式（4－12）和式（4－13）代入即可算出结果。

4.8 粘度

在计算粘度时，TGNET 提供了一个为常数的粘度和一个由 Lee-Gonzalez-Eakin 关联计算的粘度供用户选择。在高雷诺数（$Re \gg 10^6$）时，将粘度视为常数不会引起太大的误差；如果是低雷诺数，将会导致错误。推荐采用 Optimized LGE 关联：

$$\mu_g = 10^{-4} K \cdot \exp\left[X \cdot \left(\frac{\rho}{1000}\right)^Y\right] \tag{4－27}$$

$$X = x_1 + \frac{x_2}{1.8T} + x_3 M \tag{4－28}$$

$$Y = y_1 - y_2 X \tag{4－29}$$

$$K = \frac{(k_1 + k_2 M) \cdot (1.8T)^{k_3}}{k_4 + k_5 M + (1.8T)} \tag{4－30}$$

式中：ρ——密度，kg/m^3；

M——摩尔质量，kg/kmol；

T——温度，K；

μ_g——粘度，cp。

LGE 关联式中的常数见表 4－4。

表 4－4　LGE 关联式中的常数

变量	原始的 LGE	优化后的 LGE
k_1	9.37900	16.7175000
k_2	0.01607	0.0419188
k_3	1.50000	1.4025600
k_4	209.20000	212.2090000
k_5	19.26000	18.1349000
x_1	3.44800	2.1257400
x_2	986.40000	2063.7100000
x_3	0.01009	0.0011926
y_1	2.44700	1.0980900
y_2	0.22240	−0.0392851

示例 2：采用 MBWRSY 状态方程，对示例 1 中的天然气密度、压缩因子、焓、熵、比热、焦耳—汤姆逊系数等热物性参数进行求解。

结果见表 4－5。

表 4-5 热物性参数计算结果

压强 p（kPa）	密度 ρ（kg/m^3）	压缩因子 Z	焓 h（kJ/kg）	熵 s [kJ/(kg・K)]
5 000	42.186632	0.908247	549.565920	9.091489
温度 T（K）	密度 ρ（$kmol/m^3$）	平均摩尔质量（kg/kmol）	焓 h（kJ/kmol）	熵 s [kJ/(kmol・K)]
308.15	2.148695	19.633609	10789.962561	178.498736
质量定压比热 C_p [kJ/(kg・K)]	质量定容比热 C_V [kJ/(kg・K)]	比热比 k	等温压缩系数 k_T	
2.430384	1.743546	1.393932	0.00021826642	
摩尔定压比热 C_p [kJ/(kmol・K)]	摩尔定容比热 C_V [kJ/(kmol・K)]	焦耳—汤姆逊系数 D_i（K/MPa）	绝热压缩系数 ks	
47.717205	34.232093	0.003 862414	−0.0001565833	

注：上表结果采用 MATLAB 编程计算。

4.9 本章小结

（1）牛顿法、弦截法和抛物线法三种算法具有超线性收敛，是常用的有效的计算方法。

（2）本章给出了求解热物性参数的具体步骤，并给出了 MBWRSY 状态方程中偏导数的表达式。

（3）在求解流体的密度、焓、比热和熵时，运用 MBWRSY 状态方程，在计算过程中无须进行单位的相互转换，一套单位制用到底，方便了工程计算。

第5章　流量方程

1994年，A. Fournier 和 K. Kuper 对 N. V. Nederlandse Gasunie 公司天然气管道的高压和低压两个系统的输量进行了评估：在实际运行的管道上，利用遥测系统获取的数据抽取关于摩阻系数的有用信息，并增加测量的离线数据获得管道粗糙度；运用线性回归的方法来得到进出口压力平方差（$p_{in}^2 - p_{out}^2$）与流量的平方（Q^2）之间的线性关系。在评估测量的同时对管道进行了清理，并发现了影响该管道输送量的原因有腐蚀、积液和乙二醇，以及一些固体物质（如灰粒和沙子）。认为对管道进行精确测量，可以提高输送效率并达到经济核算的目的。

2001年，挪威大学的 E. Sletfjerding 和 J. S. Gudmundsson 做了在高压（80～120 bar）下的光滑管和粗糙管的压力降实验，并通过尖端的仪器测量粗糙度，用分形方法处理分析数据，以类似 Nikuradse 实验的方法将测量所得的粗糙度与摩擦阻力系数相关联，通过计算获得了一个新的摩阻系数关联式。

2001年，斯托纳联合公司（Stoner Associates，Inc.）的 Donald W. Schroeder 和 Jr. 讨论了 Spitzglass 方程、Weymouth 方程、Panhandle A 方程、Panhandle B 方程、IGT 方程等摩阻系数方程，并将它们进行了对比。

将 Colebrook-White 方程与 GERG 方程的计算结果作图进行对比，得出了一些重要的观察结果：

（1）Colebrook-White 方程得到的摩阻系数通常比较大，因此它过于保守；

（2）摩阻系数的最大误差值大约为17%，它将转化给流量大约8.5%的误差值；

（3）最大的差值发生在与低压降相关的相对较低的雷诺数下，并且随着压降的增加而减小。

Chen 方程是对 Colebrook-White 方程的显式化，适用于部分紊流区和完全紊流区，并且该方程计算出的结果与隐式方程计算出的结果相当接近，精度较高。

Spitzglass 方程是管径的函数，它可以随管径的不同而发生变化，从这一方面来看是一个小小的改进。但是应注意到，摩阻系数是随着管径的增大而降低的（这个公式意味着管道内的粗糙度是一个常数），但是当管径大于10.95英寸时，摩阻系数在0.0187～0.0246这一个不太大的范围内开始增加。这一数据与应该发生的现象相反。

Weymouth 方程，从结构可以看出，摩阻系数随着管径的增大而减小，对于摩阻系数在0.008～0.0200范围内的高速流动非常合适。这是一个沿用至今的早期的传输方程。在一定的模型中调整输送效率，使用该方程可能比较有效。

Panhandle A 方程，与 Colebrook-White 方程的摩阻图相比，其摩阻系数曲线略低于 Colebrook-White 方程的曲线，但可以通过改变输送效率来调整曲线的高低。它适用于相对低的雷诺数。

Panhandle B 方程，与 Colebrook-White 方程的摩阻图相比，其摩阻系数曲线明显低于 Colebrook-White 方程的曲线，但可以通过改变输送效率来调整曲线的高低。它适用于比 Panhandle A 方程高的雷诺数。

IGT 方程，对于所有流量而言有一个共同的属性：低流量时比较保守，高流量时又过度乐观，夸大了预测输送能力。主要的不同是它限定了低流量和高流量。

对使用的流量方程提出了以下四个可以相互取舍的方案：

（1）用 Mood 图和 Hagen-Poiseuille 方程来计算层流，用 Colebrook-White 方程或 GERG 方法来计算其余的流态并且对临界区做出一些假设。这是最可信赖的做法。

（2）用 Colebrook-White 方程或 GERG 方法来计算雷诺数大于 3250 的情况，对于雷诺数小于 3250 的情况需将摩阻系数 f 光滑化。对于气体来说，在该雷诺数区间弄错 f 并不会造成多大的实际影响，并且可以消除一些潜在的收敛问题。

（3）用 Chen 或 Shacham 方程代替 Colebrook-White 方程，在结果上并没有太大的差别，但是性能将会更好。

（4）使用以 von *Kármán* 方程的光滑管定律和 Nikuradse 方程的粗糙管定律分割的 Prandtl（或者显式）方程，将会得到比 Colebrook-White 方程低的摩阻系数。由于差别不是很大并且差别在两端时消失，是一个非常安全的方法，可以使接下来的观测数据更严密。

这些研究结论对于工程实践有很大帮助，对于正在进行的研究也具有指导意义。

2002 年，俄克拉何马州立大学的 Glenn O. Brown 教授回顾了 Darcy-Weisbach 方程在流体管道的发展，并简要考核了从始至今方程的演变和 Darcy 摩阻系数之间的关系；描述了 Chézy、Weisbach、Darcy、Poiseuille、Hagen、Prandtl、Blasius、von *Kármán*、Nikuradse、Colebrook、White、Rouse 和 Moody 等人所提出的 17 个方程及 2 个图表。

2002 年，Dr John Piggott、Norman Revell 和 Dr Thomas Kurschat 在 GERE（Groupe Europeen de Recherches Gazieres）的赞助下，经过调查确定了对于传输流量公式需要讨论的以下三个主要问题：

（1）方程中的常数是否利用了最新的信息？

（2）该如何更好地考虑影响实际管道流量的因素，如粗糙度、弯管和管件？

（3）从光滑管区到粗糙管区的转变是突然转变还是缓慢变化，还是介于两者之间？

研究人员通过相关研究提出了可以解决上述问题的 GERG 方程，并且利用 Idelchik 公式来估计焊缝对压降的影响。并将 AGA 技术报告中的流量测试（AGA flow test M）与 Zegarola 关联式、GERG 方程（$n=10$）和 Colebrook-White 方程（$k/D=1.30\times10^{-6}$）所计算出来的摩阻系数进行了对比。

2005 年 11 月 7 日至 9 日，在德克萨斯州圣安东尼奥召开的 PSIG 年度会议上，Leif Idar Langelandsvik、Willy Postvoll 和 Preben Svendsen 等人在挪威大陆架（Norwegian Continental Shelf）管道实验的基础上，对 Colebrook-White 方程的准确度进行了评估；实验包括高流速、高压力、大管径和非常低的粗糙度（实验管道主要参数：压力范围为

50～200 bar，管径为 0.8～1.1 m，气体组成为 80%～95%的甲烷，管长为 300～900 km，流速为 20～70 MSm^2/d，粗糙度为 10^{-4} 微米左右；管道位置及状况：海底 50～300 m，被污泥和沙粒所覆盖）的计算，目的是用管道实际操作数据来改良摩阻系数关联公式，从而用于商业管道模拟工具。从结果可以看出摩阻系数对输量计算的影响，低流速在实验中将会带来保守的输量计算，因为摩阻系数减小的速度比 Colebrook-White 方程预测的要快，并且摩阻系数的数据并未落在合理的 Colebrook-White 曲线内。研究人员实际预测的输量将提高 0.5%～2.0%，可以增加 100 万～400 万美元的收入。

可见，Colebrook-White 方程并不适用于这种情况，这就提出了选择合适的摩阻系数方程和研究新的摩阻系数方程的要求。

2006 年，印度的 Achanta Ramakrishna Rao 和 Bimlesh Kumar 提出一种普遍的与摩阻系数关联的阻力方程，适用于所有流态，即光滑区、过渡区、紊流区。这一方程适用于预测雷诺数大于 4000 和不同粗糙度值的所有范围的摩阻系数。Colebrook-White 方程不适用于管径小于 2.5 mm 的管道，而这一模型对于管径小于 2.5 mm 的管道适用性较好，并且适用于现有的商用管道和 Nikuradse 实验。

2008 年，斯坦福大学的 Mahendra P. Verma 用 Moody Chart ActiveX 组件在 VBA 语言下编写的在 MS-Excel 内计算管道内流体摩阻系数的公式是 3 个隐式和 4 个显式形式的 Colebrook 方程。通过对比计算的摩阻系数值，Serghide、Zigrang 和 Sylvester 方程在整个范围内提供了合理的雷诺数和相对粗糙度值。

2008 年，C. T. Goudar 和 J. R. Sonnad 在对文献中关于 Colebrook-White 方程显式化举例对比的基础上，提出了自己的 2 个显式公式，其与原方程相比，最大绝对误差分别在 3.64×10^{-4} 和 1.04×10^{-10}。这样简化了管网计算中摩阻系数的计算工作，可以大大节省计算时间，提高运算效率。

本章接下来将主要介绍：

（1）国内外常用的流量公式；

（2）水力摩阻系数公式的进展；

（3）从水力光滑管到水力粗糙管的突变的判据公式；

（4）水力摩阻系数公式的适用性；

（5）隐式摩阻系数公式显式化的进展。

5.1　稳态流量公式

这一部分将从基本原理出发，深入浅出地分析可压缩气体在管道内的流动方程；主要讨论在管道设计时常用的压降方程，将国内外工程中常用的天然气流量方程进行整理，并讨论它们的适用性。

5.1.1 稳态普适化流量公式

将动量方程用于一段管段 $\mathrm{d}x$，里面流动着可压缩流体（如天然气），其平均速度为 u，稳态时其密度为 ρ，p 为绝对静压，A 为管道横断面面积（$\pi D^2/4$），$\mathrm{d}H$ 代表管道的高度变化。那么可得以下偏微分方程：

$$u \cdot \mathrm{d}u + \frac{\mathrm{d}p}{\rho} + g \cdot \mathrm{d}H + f \cdot \frac{\mathrm{d}x}{D} \cdot \frac{u^2}{2} = 0 \tag{5-1}$$

式中，f 为达西摩阻系数，与管壁切应力相关联：

$$f = \frac{8\tau_w}{\rho \cdot u^2} \tag{5-2}$$

在对式（5−1）积分之前，将粘滞扩散项化简消去 u，以降低积分难度。$\rho \cdot u = \dot{m}/A = C$ 是个常数，考虑稳态时有：

$$\rho^2 u \cdot \mathrm{d}u + \rho \cdot \mathrm{d}p + \rho^2 g \cdot \mathrm{d}H + f \cdot \frac{\mathrm{d}x}{D} \cdot \frac{C^2}{2} = 0 \tag{5-3}$$

分别将上式各项积分，下面将详细讨论各项。

5.1.1.1 动能项

由于 $\rho = C/u$，那么对动能项 $\rho^2 u \cdot \mathrm{d}u$ 积分，得：

$$\int_{u_1}^{u_2} \frac{C^2}{u}\mathrm{d}u = C^2 \ln\left(\frac{u_2}{u_1}\right) \tag{5-4}$$

5.1.1.2 压力作用项

由于 $\rho = \dfrac{p \cdot M}{z \cdot \bar{R} \cdot T}$，那么对压力项 $\rho \cdot \mathrm{d}p$ 积分，得：

$$\int_{p_1}^{p_2} \rho \cdot \mathrm{d}p = \int_{p_1}^{p_2} \frac{p \cdot M}{Z \cdot \bar{R} \cdot T}\mathrm{d}p = \frac{M}{Z_{\mathrm{avg}} \cdot \bar{R} \cdot T_{\mathrm{avg}}}\int_{p_1}^{p_2} p \cdot \mathrm{d}p = \frac{M}{Z_{\mathrm{avg}} \cdot \bar{R} \cdot T_{\mathrm{avg}}} \cdot \frac{p_2^2 - p_1^2}{2} \tag{5-5}$$

为了便于积分，式（5−5）中参数采用了平均压缩因子 Z_{avg} 和平均温度 T_{avg}。

$$T_{\mathrm{avg}} = \frac{T_1 + T_2}{2} \tag{5-6}$$

平均压力是通过式（5−7）得到的：

$$p_{\mathrm{avg}} = \frac{\int_1^2 p\,\mathrm{d}x}{\int_1^2 \mathrm{d}x} = \frac{\int_1^2 p^2\,\mathrm{d}p}{\int_1^2 p\,\mathrm{d}p} = \frac{2}{3}\left(p_1 + p_2 - \frac{p_1 p_2}{p_1 + p_2}\right) \tag{5-7}$$

压缩因子的平均值 Z_{avg} 是通过以上压力的平均值 p_{avg} 和温度的平均值 T_{avg} 来计算的。

5.1.1.3　势能项

对势能项 $\rho^2 g \cdot dH$ 积分，得：

$$\int_{H_2}^{H_1} \rho^2 g \, dH = \int_{H_2}^{H_1} \left(\frac{p \cdot M}{z \cdot \bar{R} \cdot T} \right)^2 g \, dH \tag{5-8}$$

仍然认为 $\left(\frac{p \cdot M}{Z \cdot \bar{R} \cdot T} \right)^2$ 可以通过平均值来计算，以化简积分，结果为：

$$\frac{g \cdot p_{avg}^2 \cdot M^2}{Z_{avg}^2 \cdot \bar{R}^2 \cdot T_{avg}^2} (H_2 - H_1) \tag{5-9}$$

式（5−9）的推导是基于在高度、压力和温度之间没有简单的数学关系并且引入的误差可以忽略不计的事实上的。

5.1.1.4　能量损耗项

对能量损耗项 $f \cdot \frac{dx}{D} \cdot \frac{C^2}{2}$ 积分，得：

$$\int_{x_1}^{x_2} \frac{f}{2} \cdot \frac{C^2}{D} dx = f \cdot \frac{x_2 - x_1}{D} \cdot \frac{C^2}{2} = f \cdot \frac{L}{D} \cdot \frac{C^2}{2} \tag{5-10}$$

这一项是由于粘度摩擦造成的能量损失。式中 L 是点 1 和点 2 之间的长度。

于是可以得到下面的综合公式：

$$C^2 \ln\left(\frac{u_2}{u_1}\right) + \frac{M}{Z_{avg} \cdot \bar{R} \cdot T_{avg}} \cdot \frac{p_2^2 - p_1^2}{2} + \frac{g \cdot p_{avg}^2 \cdot M^2}{Z_{avg}^2 \cdot \bar{R}^2 \cdot T_{avg}^2} (H_2 - H_1) + f \cdot \frac{L}{D} \cdot \frac{C^2}{2} = 0 \tag{5-11}$$

由于动能项与其他项相比可以忽略，式（5−11）可简化为：

$$\frac{M}{Z_{avg} \cdot \bar{R} \cdot T_{avg}} \cdot \frac{p_2^2 - p_1^2}{2} + \frac{g \cdot p_{avg}^2 \cdot M^2}{Z_{avg}^2 \cdot \bar{R}^2 \cdot T_{avg}^2} (H_2 - H_1) + f \cdot \frac{L}{D} \cdot \frac{C^2}{2} = 0 \tag{5-12}$$

通常用到标态（273.15 K，1.01325×10^5）时的气体流速 $\dot{Q}_{st}$，替换 C，可得：

$$C^2 = \frac{\rho_{st}^2 \cdot \dot{Q}_{st}^2}{A^2} = \frac{16 \cdot p_{st}^2 M^2 \cdot \dot{Q}_{st}^2}{\pi^2 D^4 Z_{st}^2 \bar{R}^2 T_{st}^2} \tag{5-13}$$

并且对于理想气体，有：

$$M = d \cdot M_{air} \tag{5-14}$$

式中，d 为相对密度，空气分子量 M_{air} = 28.9625≈29（kg/kmol），由式（5−12）～式（5−14）可得：

$$\dot{Q}_{st} = \pi \sqrt{\frac{\bar{R}}{464}} \cdot \frac{z_{st} T_{st}}{p_{st}} \left[\frac{(p_1^2 - p_2^2) - \frac{58 \cdot d \cdot p_{avg}^2 g (H_2 - H_1)}{\bar{R} \cdot T_{avg} Z_{avg}}}{L \cdot d \cdot T_{avg} Z_{avg}} \right]^{1/2} \cdot \frac{D^{2.5}}{\sqrt{f}} \cdot \eta \tag{5-15}$$

输送效率受到管道内弯头、三通、阀等配件和腐蚀、污垢、锈、尘土等沉积物的影响，为了简单而有效地描述这些导致效率降低的额外原因，引入一个效率因子 η，其值为 0.8～1.0，M. Mohitpour 等人建议取值为 0.92～0.97；但是从经验出发，有些过旧的管道的输送效率可能为 0.7 左右。

有时候用 η 来修正管道长度，如用 L/η^2 来代替 L。当 η 为 0.8～1.0 时，相应的当量长度为 $1.56L-L$。

考虑到 $\rho_{st}=M\cdot p_{st}/(Z_{st}\bar{R}T_{st})$ 和 $\rho_{avg}=M\cdot p_{avg}/(Z_{avg}\bar{R}T_{avg})$，并使 $\eta=1$，将式（5−15）化为：

$$\dot{Q}_{st}=\frac{\pi}{4\cdot\rho_{st}}\left\{\frac{29\cdot d}{Z_{avg}\bar{R}\cdot T_{avg}\cdot L}\left[(p_1^2-p_2^2)-2p_{avg}\rho_{avg}g(H_2-H_1)\right]\right\}^{1/2}\cdot\frac{D^{2.5}}{\sqrt{f}} \tag{5-16}$$

进而可以写为：

$$\dot{Q}_{st}=C'\left[\frac{(p_1^2-p_2^2)-2p_{avg}\rho_{avg}g(H_2-H_1)}{LdT_{avg}Z_{avg}}\right]^{1/2}\cdot\frac{D^{2.5}}{\sqrt{f}} \tag{5-17}$$

对于近似水平的管道来说可以忽略势能项，于是：

$$\dot{Q}_{st}=C'\left(\frac{p_1^2-p_2^2}{LdT_{avg}Z_{avg}}\right)^{1/2}\cdot\frac{D^{2.5}}{\sqrt{f}} \tag{5-18}$$

式中，$1/\sqrt{f}$ 被称为传输系数，与管道内径 D 一起，就可以简单地评估管道流量。传输系数是个很重要的参数，它代表了气体在管道内的传导率。另外，管道内径也是设计管道系统的一个重要参数，如果管径加倍，那么，$2^{2.5}\approx5.66$ 倍。

重新整理式（5−18），标态下的体积流量可写为：

$$\dot{Q}_{st}^2=C'^2\frac{p_1^2-p_2^2}{LdT_{avg}Z_{avg}}\cdot\frac{D^5}{f} \tag{5-19}$$

或者可写为：

$$p_1^2-p_2^2=\dot{Q}_{st}^2\frac{1}{C'^2}\cdot LdT_{avg}Z_{avg}\cdot\frac{f}{D^5} \tag{5-20}$$

将其改写为通式形式：

$$p_1^2-p_2^2=R\cdot L\cdot\dot{Q}_{st}^n \tag{5-21}$$

式中，n 和 R 的取值取决于所用到的计算传输系数方程，$1/\sqrt{f}$ 。

5.1.2 流态

在讨论文献中提到的计算摩擦系数的公式之前，需要讨论管道运输中的不同流态。对于典型的中高压输送管线，其中的气体处于混合摩擦区（水力光滑管）和阻力平方区（水力粗糙管）。

考虑到雷诺数的定义，流速和体积流量之间的关系，并且 $\rho\dot{Q}=\rho_{st}\dot{Q}_{st}=\dot{m}$ ，对于稳态状况有：

$$Re=\frac{4\rho_{st}\dot{Q}_{st}}{\mu\pi D} \tag{5-22}$$

由于 $\rho_{st}=p_{st}M/(Z_{st}\bar{R}T_{st})$，式中 $Z_{st}\approx1$，$M\approx29d$，于是：

$$Re=\frac{4\dot{Q}_{st}29dp_{st}}{\mu\pi D\bar{R}T_{st}} \tag{5-23}$$

由于 $\bar{R}=8314.41$ J/(kmol・K)，并且考虑到标准状态下，$p_{st}=101325$ Pa，$T_{st}=273.15$ K，可得：

$$Re=1.6474\frac{\dot{Q}_{st}d}{\mu D} \tag{5-24}$$

流体在管道内的流态可分为两大类，当$Re<2100$ 时是层流，当$Re>2100$ 时是紊流。在这两个流态之间存在一个过渡区，至今还没有该区域的压力降关联式。

5.1.2.1　层流

尽管对于气体流动来说，通常都处于紊流状态，但是为了分析的完整性，这里也对其层流状态进行了分析。

圆形截面管道内完全发展的层流，其 Darcy 摩阻系数独立于管道直径，可以由 White 公式算出：

$$fRe=64 \tag{5-25}$$

根据 R. V. Shah 和 A. L. London 在“Laminar Flow Forced Convection In Ducts”(1978 年出版）中提出的，在管道远离内完全发展的层流，其进口段长度（entrance length）L_{ent}可以由式（5-26）计算得到：

$$\frac{L_{ent}}{D}=0.59+0.056Re \tag{5-26}$$

在未完全发展的流态区域，如小于进口长度的部分，表观 Darcy 摩阻系数可以通过 Shah 和 London 的公式来计算：

$$f_{app}Re=\frac{13.76}{(x^{+})^{1/2}}+\frac{5/(4x^{+})+64-13.76/(x^{+})^{1/2}}{1+0.00021(x^{+})^{-2}} \tag{5-27}$$

式中，无量纲长度 x^{+} 由下式决定：

$$x^{+}=\frac{x}{DRe} \tag{5-28}$$

式中：x ——管道长度；

D ——管道内径。

当 $x^{+}\rightarrow\infty$时，$f_{app}Re\rightarrow64$。

5.1.2.2　部分紊流区和完全紊流区

在部分紊流区，层流底层厚度大于管壁绝对粗糙度，这样就在管内壁形成一个层流区，在管外形成一个紊流区，这样就好像是在光滑管道内流动的紊流，因此被称为水力光滑。压力降独立于管道的粗糙度，Darcy 摩阻系数可以用 Prandtl 方程来计算：

$$\frac{1}{\sqrt{f}}=-2\lg\left(\frac{2.51}{Re\sqrt{f}}\right) \tag{5-29}$$

随着雷诺数的增大，层流底层的厚度减小，管道粗糙度变得越来越重要，层流底层被不断扰乱，层流层不断变薄，在接下来的过渡区之后，摩阻系数就和雷诺数无关了，进入了完全紊流区。在这种情况下，Darcy 摩阻系数由 von Kármán-Nikuradse 方程来求得：

$$\frac{1}{\sqrt{f}}=-2\lg\left(\frac{\varepsilon/D}{3.7}\right) \tag{5-30}$$

式（5－29）可以用于层流底层所造成的影响没有被粗糙度所造成的影响取代的时候，否则就应该用式（5－30）。

定义一个临界雷诺数 Re_{cr}，当雷诺数到达该值时，在紊流区内发生从水力光滑管到水力粗糙管的突变。图 5－1 表示了临界雷诺数 Re_{cr} 和 ε/D 的关系，反映了两个流态之间的边界。该图形可以用下面的方程来拟合：

$$Re_{cr}=35.235\ (\varepsilon/D)^{-1.1039} \tag{5-31}$$

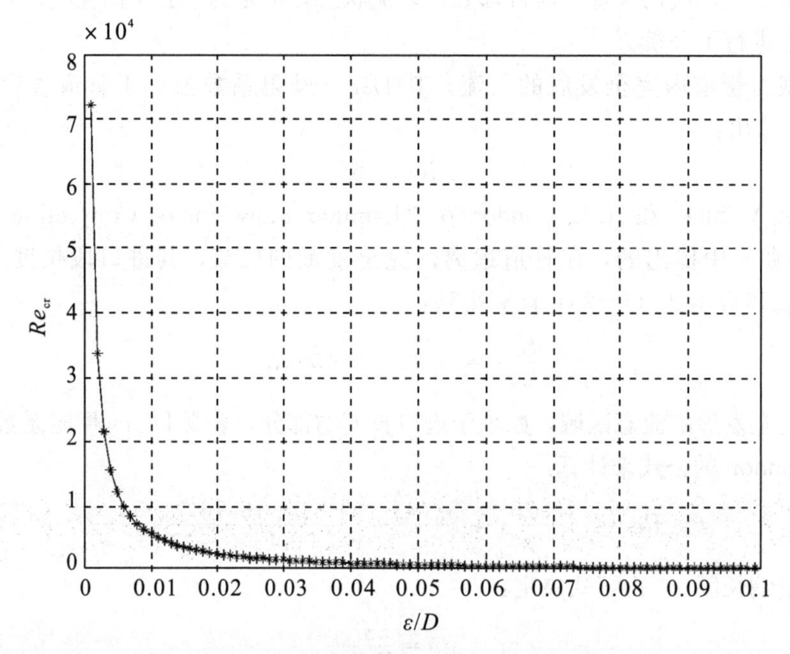

图 5－1　临界雷诺数与相对粗糙度的关系

Paulo M. Coelh 等人指出，Smith 所推荐的采用修正的 Colebrook-White 方程，用 2.825 来代替 2.510，用于部分紊流区（光滑区）、过渡区（混合摩擦区）和完全紊流区（阻力平方区）：

$$\frac{1}{\sqrt{f}}=-2\lg\left(\frac{\varepsilon/D}{3.7}+\frac{2.825}{Re\sqrt{f}}\right) \tag{5-32}$$

但是，Paulo M. Coelh 等人又提出，对于商业管道来说，式（5－32）不符合实验数据，在部分紊流到完全紊流之间有突然的转变，此时式（5－32）就不能用于计算水力摩阻系数。通过确定临界雷诺数后，应使用式（5－29）和式（5－30）来计算摩阻系数。

5.1.3　摩阻系数方程及流量公式

这一部分主要讨论两个摩阻系数公式，即 Colebrook-White 方程和 GERG 方程，并将它们代入流量公式进行整理。

将方程（5－15）中的常数代入，并简化整理，势能项可化为：

$$E=0.06843d(H_2-H_1)\frac{p_{avg}^2}{T_{avg}Z_{avg}} \tag{5-33}$$

于是可得：

$$\dot{Q}_{st}=13.2986\frac{T_{st}}{p_{st}}\left[\frac{(p_1^2-p_2^2)-E}{L\cdot d\cdot T_{avg}Z_{avg}}\right]^{1/2}\cdot\frac{D^{2.5}}{\sqrt{f}} \tag{5-34}$$

5.1.3.1　Colebrook-White 方程

在计算摩阻系数的众多方程中，最常用的就是 Colebrook-White 方程；但是必须强调，所有的关联式中都至少含有一部分经验公式，这些公式没有在理论上得到证明（除了完全层流，这只会发生于非常低的雷诺数）。

$$\frac{1}{\sqrt{f}}=-2\cdot\lg\left(\frac{\varepsilon/D}{3.7}+\frac{2.51}{Re\cdot\sqrt{f}}\right) \tag{5-35}$$

式中：f ——Darcy-Weisban 摩阻系数，无量纲量；

ε ——管道内壁粗糙度，m；

D ——管道内径，m；

Re——雷诺数，无量纲量。

Colebrook-White 方程是将 Prandtl（1935）的完全光滑紊流方程［式（5－29）］和 von *Kármán*（1930）与 Nikuradse（1932）发展的粗糙紊流［式（5－30）］综合在一起而得到的，前者仅与雷诺数有关，而后者与粗糙度有关。

将 Colebrook-White 方程代入式（5－34）整理可得：

$$\dot{Q}_{st}=13.2986\frac{T_{st}}{p_{st}}\left[\frac{(p_1^2-p_2^2)-E}{L\cdot d\cdot T_{avg}Z_{avg}}\right]^{1/2}\cdot\left[-2\cdot\lg\left(\frac{\varepsilon/D}{3.7}+\frac{2.51}{Re\cdot\sqrt{f}}\right)\right]\cdot D^{2.5} \tag{5-36}$$

5.1.3.2　GERG 方程

Dr John Piggott、Norman Revell 和 Dr thomas Kurschat 在 GERE（Groupe Europeen de Recherches Gazieres）的赞助下，通过研究提出了 GERG 方程。GERG 方程有以下特点：首先，其适应范围相当广，参数 n 的调整范围在 1～10 之间；其次，考虑到了以前的摩阻系数方程所没有考虑到的问题；最后，当 $n=10$ 时，GERG 方程对于 AGA 实际测试结果吻合得较好。

GERG 方程：

$$\frac{1}{\sqrt{\lambda}}=-\frac{2}{n}\lg\left[\left(\frac{k/D}{3.71}\right)^n+\left(\frac{1.499}{f\cdot Re\cdot\sqrt{\lambda}}\right)^{0.942\cdot n\cdot f}\right] \tag{5-37}$$

式中：$f = \frac{(1/\sqrt{\lambda})_f}{(1/\sqrt{\lambda})_{f=1}}$；

λ ——Darcy-Weisban 摩阻系数，无量纲量；

k ——管道内壁粗糙度，m；

D ——管道内径，m；

f ——阻力因子（等同于输送效率），无量纲量；

n ——幂指数，描述从光滑管到粗糙管转变的变化剧烈程度；

Re——雷诺数，无量纲量。

将其代入方程（5−34）整理可得：

$$\dot{Q}_{st} = 13.2986 \frac{T_{st}}{p_{st}} \left[\frac{(p_1^2 - p_2^2) - E}{L \cdot d \cdot T_{avg} Z_{avg}}\right]^{1/2} \cdot \left\{-\frac{2}{n} \lg\left[\left(\frac{k/D}{3.71}\right)^n + \left(\frac{1.499}{f \cdot Re \cdot \sqrt{\lambda}}\right)^{0.942 \cdot n \cdot f}\right]\right\} \cdot D^{2.5} \tag{5-38}$$

GERG 方程有以下特点：

（1）对于完全紊流区（阻力平方区），当雷诺数非常大时，该方程与 Colebrook-White 方程等同。

（2）对于水力光滑区（粗糙度 $k=0$），$f=1$，方程退化为 Zagarola 等人提出的传输系数定律。这一定律基于 $3.2\times10^4<Re<3.5\times10^7$ 的实验数据，这是由普林斯顿大学在 1998 年所做的实验。对于水力粗糙管，当 $f=1$ 时，GERG 方程同样退化为 Zagarola 方程。

（3）GERG 方程中的 $k=0$ 时，可以由 Zagarola 方程推导（将 $\sqrt{\lambda}$ 替换为 $f \cdot \sqrt{\lambda}$）。

5.2 摩阻系数方程的算法研究

5.2.1 Colebrook-White 方程的求解

目前，计算摩阻系数应用最广泛的还属 Colebrook-White 方程，其显式方程得到了较大发展。那么，显式方程的计算效率和准确度如何呢？计算的准确度和所需花费的时间，对于大型管网计算来说很重要。对国外相关文献进行调研可知，方程的显式化是一个数学推演过程，其主要目的是便于计算和节约计算时间。考察其计算准确度的方法是将计算结果和通过迭代算法求解隐式方程得出的结果进行对比。从这一点上来看，只要隐式方程确定，对 Colebrook-White 方程进行数学推演使其显式化的过程以及通过推演得到的显式方程不会改变方程的适用范围，只要隐式方程的适用范围确定，显式方程的适用范围也就确定了。毕竟这不是对方程的再次拟合，而是数学公式的推演。

显式 Colebrook-White 方程见表 5−1。

表 5－1　显式 Colebrook-White 方程

编号	方程
1	$\frac{1}{\sqrt{f}}=-2\lg\left[\frac{\varepsilon/D}{3.7}-\frac{5.02}{Re}\lg\left(\frac{\varepsilon/D}{3.7}+\frac{13}{Re}\right)\right]$
2	$\frac{1}{\sqrt{f}}=-2\lg\left(\frac{\varepsilon/D}{3.7}-\frac{A}{B}\right)$ $A=4.518\lg(Re/7);B=Re\left[1+\frac{1}{29}Re^{0.52}(\varepsilon/D)^{0.7}\right]$
3	$f=\left[4.781-\frac{(A-4.781)^2}{B-2A+4.781}\right]^{-2}$ $A=-2\lg\left(\frac{\varepsilon/D}{3.7}+\frac{12}{Re}\right)B=-2\lg\left(\frac{\varepsilon/D}{3.7}+\frac{2.51A}{Re}\right)$
4	$\frac{1}{\sqrt{f}}=-2\lg\left\{\frac{\varepsilon/D}{3.7065}-\frac{5.0452}{Re}\lg\left[\frac{(\varepsilon/D)^{1.1098}}{2.8257}+\frac{5.5806}{Re^{0.8981}}\right]\right\}$
5	$\frac{1}{\sqrt{f}}=-2\lg\left[\frac{\varepsilon/D}{3.7065}-\frac{5.0272}{Re}\lg\left(\frac{\varepsilon/D}{3.827}-A\right)\right]$ $A=\frac{4.567}{Re}\lg\left[\left(\frac{\varepsilon/D}{7.7918}\right)^{0.9924}+\left(\frac{5.3326}{208.815+Re}\right)^{0.9345}\right]$
6	$\frac{1}{\sqrt{f}}=-2\lg\left\{\frac{\varepsilon/D}{3.7}-\frac{5.02}{Re}\lg\left[\frac{\varepsilon/D}{3.7}-\frac{5.02}{Re}\lg\left(\frac{\varepsilon/D}{3.7}+\frac{13}{Re}\right)\right]\right\}$
7	$f=\left[A-\frac{(B-A)^2}{C-2B+A}\right]^{-2}, A=-2\lg\left(\frac{\varepsilon/D}{3.7}+\frac{12}{Re}\right);$ $B=-2\lg\left(\frac{\varepsilon/D}{3.7}+\frac{2.51A}{Re}\right);C=-2\lg\left(\frac{\varepsilon/D}{3.7}+\frac{2.51B}{Re}\right)$
8	$\frac{1}{\sqrt{f}}=a[\ln(d/q)+\delta_{LA}], a=\frac{2}{\ln 10}; b=\frac{\varepsilon/D}{3.7};$ $d=\left(\frac{\ln 10}{5.02}\right)Re; q=s^{s/(s+1)}; s=bd+\ln d$
9	$\frac{1}{\sqrt{f}}=a[\ln(d/q)+\delta_{CFA}], \delta_{LA}=\left(\frac{g}{g+1}\right)z; g=bd+\ln(d/q);$ $\delta_{CFA}=\delta_{LA}\left[1+\frac{z/2}{(g+1)^2+(z/3)(2g-1)}\right]; z=\ln\left(\frac{q}{g}\right)$

表 5－1 中，编号 1 和编号 6 的方程为 Zigrang 和 Sylvester 提出的（1982 年）；编号 2 的方程为 Barr 提出的（1981 年）；编号 3 的方程为 Serghides 提出的（1984 年）；编号 4 的方程为 Chen 提出的（1979 年）；编号 5 的方程为 Romeo 提出的（2002 年）；编号 7 的方程为 Serghides 提出的（1984 年）；编号 8 和编号 9 的方程为 C. T. Goudar 和 J. R. Sonnad 的研究成果（2008 年）。

表 5－1 中给出的显式 Colebrook-White 方程适用于所有范围内的雷诺数，并且对比方法是以隐式方程的计算结果为准确值，将显式方程的计算结果与其进行对比。

下面就针对该问题给出一个数量上的概念，对表 5－1 中的显示 Colebrook-White 方程与原隐式 Colebrook-White 方程进行计算准确度和计算时间的对比。

（1）数据参数：取雷诺数$Re=5813924.34$（天然气组成：CH_4 为 90.00%，C_2H_6 为

4.00%，C_3H_8 为 0.50%，$i-C_4H_{10}$ 为 0.30%，$n-C_4H_{10}$ 为 0.30%，$i-C_5H_{12}$ 为 0.15%，$n-C_5H_{12}$ 为 0.15%，$n-C_6H_{14}$ 为 0.10%，$n-C_7H_{16}$ 为 0.10%，N_2 为 0.60%，CO_2 为 3.80%；压力为5 MPa；温度为 35℃），粗糙度 k=0.02 mm，管道内径 D=600 mm。

（2）对比方法：循环计算 5×10^4 次摩阻系数。

用 VB6 SP6 编程计算摩阻系数结果的对比如图 5－2 所示。摩阻系数计算参数的对比见表 5－2。

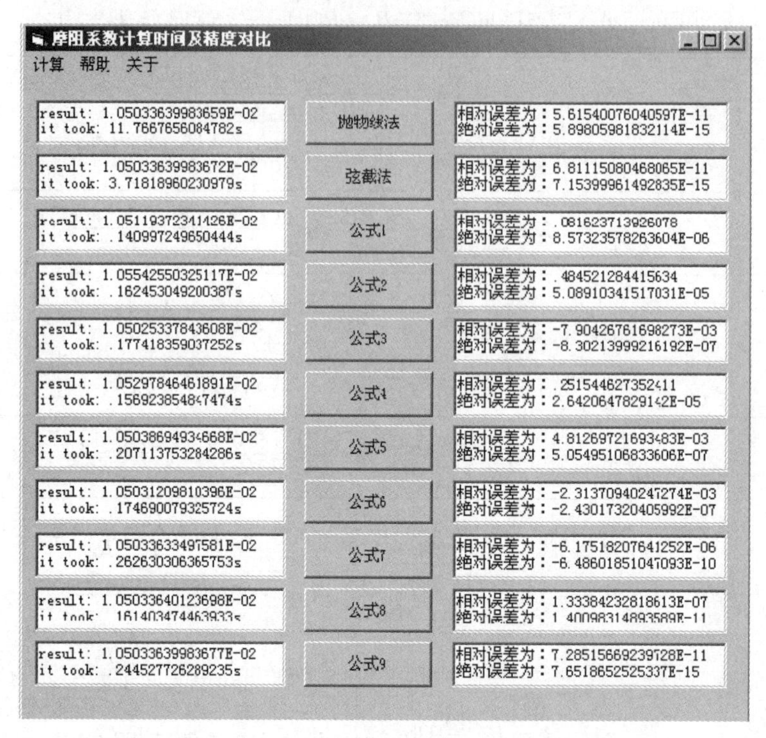

图 5－2 用 VB6 SP6 编程计算摩阻系数结果的对比

表 5－2 摩阻系数计算参数的对比

编号	计算结果	相对误差（%）	绝对误差	消耗时间（s）
Ⅰ	1.05033639983659E－02	5.617E－11	5.900E－15	11.7667
Ⅱ	1.05033639983672E－02	6.854E－11	7.199E－15	3.7181
1	1.05119372341426E－02	8.162E－02	8.573E－06	0.1410
2	1.05542550325117E－02	4.845E－01	5.089E－05	0.1624
3	1.05025337843608E－02	－7.904E－03	－8.302E－07	0.1774
4	1.05297846461891E－02	2.515E－01	2.642E－05	0.1569
5	1.05038694934668E－02	4.813E－03	5.055E－07	0.2071
6	1.05031209810396E－02	－2.314E－03	－2.430E－07	0.1746
7	1.05033633497581E－02	－6.175E－06	－6.486E－10	0.2626
8	1.05033640123698E－02	1.334E－07	1.401E－11	0.1614
9	1.05033639983677E－02	7.330E－11	7.699E－15	0.2445

表 5－2 中，Ⅰ为抛物线法求解 Colebrook-White 方程，Ⅱ为弦截法求解 Colebrook-White 方程。采用的精确值为抛物线法和弦截法计算的数值取 13 位有效数字，即 0.01050336399836。

由于计算机的初始工作状态不一样，以上的计算时间和内存峰值仅供参考。但是分析图 5－2 和表 5－2 的数据可以知道：

（1）迭代算法准确度高，但耗时长，CPU 利用率较大；

（2）显式算法的准确度均可以满足工程需要，计算时间也相对较少；

（3）对准确度和消耗时间进行综合考虑，推荐用编号 8 的公式。

关于工程中所用数据的准确度将在第 9 章中进行讨论。

5.2.2　GERG 方程的求解

GERG 方程如式（5－37），为了方便计算，下面给出其显式表达式：

$$\frac{1}{\sqrt{\lambda}}=-\frac{2}{n}\cdot \lg\left[\left(\frac{k/D}{3.71}\right)^{n}+10^{0.942\cdot n\cdot f\cdot E}\right] \tag{5-39}$$

$$E=-\left[1-\frac{2\cdot \ln(\ln Re^{2})-0.9782}{\ln Re^{2}+2}\right]\cdot \lg Re \tag{5-40}$$

式中：λ——Darcy-Weisban 摩阻系数，无量纲量；

n——幂指数，描述从光滑管到粗糙管转变的剧烈程度；

k——管道内壁粗糙度，m；

D——管道内径，m；

f——阻力因子（等同于输送效率），无量纲量；

Re——雷诺数，无量纲量。

Idelchik 方程为：

$$\lambda_{\mathrm{weld}}=\frac{D}{l_{w}}\cdot C\cdot \left(\frac{\delta}{D}\right)^{3/2} \tag{5-41}$$

式中：δ——焊缝高度，m；

λ_{weld}——Darcy-Weisban 摩阻系数，无量纲量；

C——常数，焊缝间距的函数，无量纲量；

D——管道内径，m；

l_w——焊缝间距，m。

考虑到管道的焊缝，GREG 方程在实际运用中和 Idelchik 方程一并使用。

雷诺数在区间［10^4,10^6］的图形如图 5－3 所示。

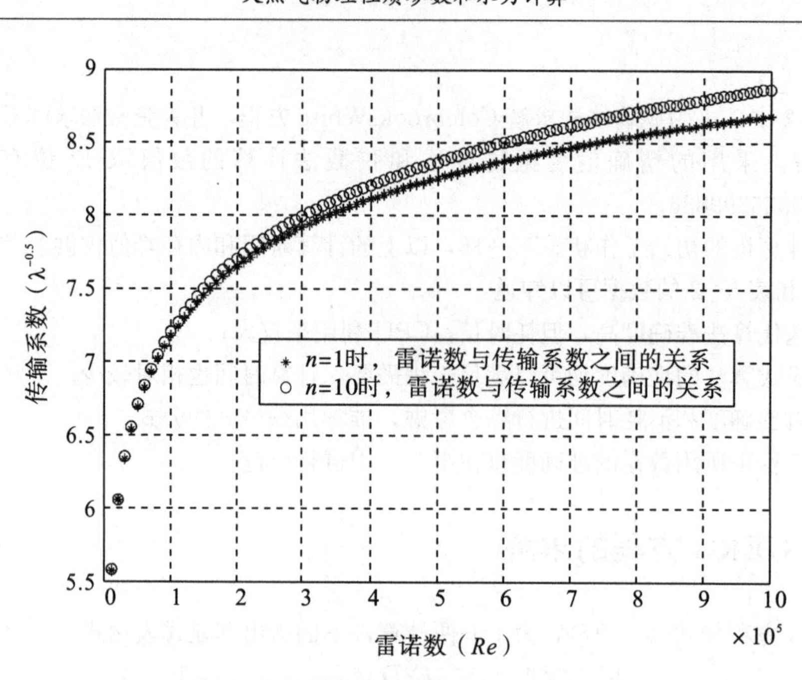

图 5-3 雷诺数在区间 $[10^4,10^6]$ 的图形

雷诺数在区间 $[10^6,10^8]$ 的图形如图 5-4 所示。

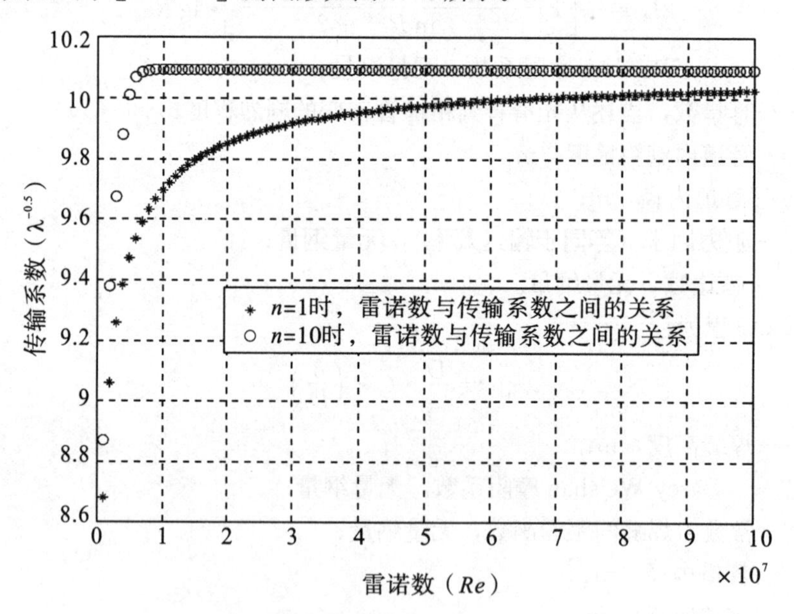

图 5-4 雷诺数在区间 $[10^6,10^8]$ 的图形

雷诺数在区间 $[10^4,10^8]$ 的图形如图 5-5 所示。

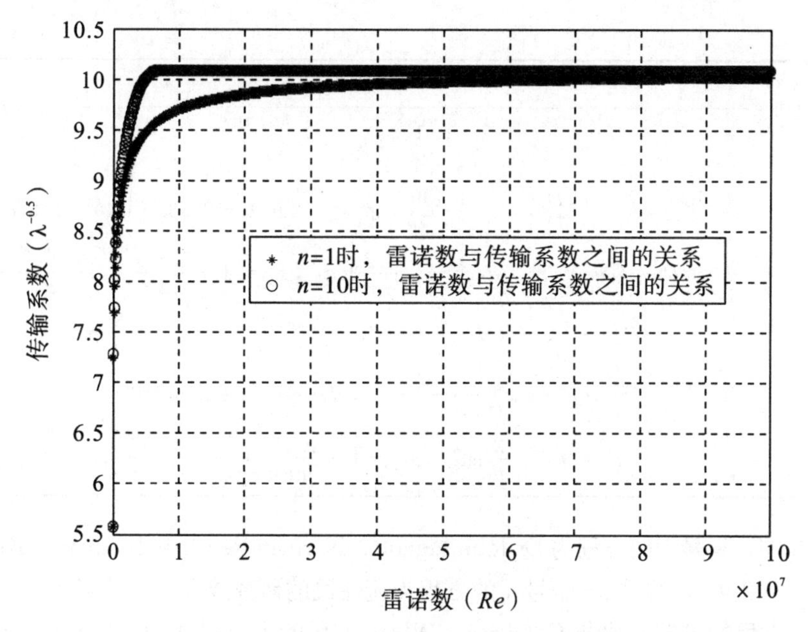

图 5—5　雷诺数在区间［10^4，10^8］的图形

表 5—3 给出了 GERG 摩阻系数方程的显式表达式。

表 5—3　显式 GERG 方程

编号	方程
1	$\frac{1}{\sqrt{\lambda}}=-\frac{2}{n}\cdot\lg\left[\left(\frac{k/D}{3.71}\right)^n+10^{0.942\cdot n\cdot f\cdot E}\right]$ $E=-\left[1-\frac{2\cdot\ln(\ln Re^2)-0.9782}{\ln Re^2+2}\right]\cdot\lg Re$
2	$\frac{1}{\sqrt{\lambda}}=u_0-\frac{t_0}{s_0}$ $a=\frac{\ln 10}{2}$，$b=\frac{k/D}{3.71}$，$c=\frac{1.499}{f\cdot Re}$，$u_0=-2\lg[b-3.53c\cdot\lg(b+8.67c)]$， $d_0=b^n+(cu_0)^{0.942nf}$，$t_0=u_0+\frac{2}{n}\lg d_0$，$s_0=1+\frac{1.412}{aRe}\cdot\frac{(cu_0)^{0.942nf-1}}{d_0}$
3	$\frac{1}{\sqrt{\lambda}}=u_0-\frac{t_0(t_1-t_0)}{(2t_1-t_0)s_0}$ $a=\frac{\ln 10}{2}$，$b=\frac{k/D}{3.71}$，$c=\frac{1.499}{f\cdot Re}$，$u_0=-2\lg[b-3.53c\cdot\lg(b+8.67c)]$， $d_0=b^n+(cu_0)^{0.942nf}$，$t_0=u_0+\frac{2}{n}\lg d_0$，$s_0=1+\frac{1.412}{aRe}\cdot\frac{(cu_0)^{0.942nf-1}}{d_0}$ $u_1=u_0-\frac{t_0}{s_0}$，$d_1=b^n+(cu_1)^{0.942nf}$，$t_1=u_1+\frac{2}{n}\lg d_1$

续表5-3

编号	方程
4	$\frac{1}{\sqrt{\lambda}}=u_2-\frac{t_2}{s_2}$ $a=\frac{\ln 10}{2}$，$b=\frac{k/D}{3.71}$，$c=\frac{1.499}{f\cdot Re}$，$u_0=-2\lg[b-3.53c\cdot\lg(b+8.67c)]$， $d_0=b^n+(cu_0)^{0.942nf}$，$t_0=u_0+\frac{2}{n}\lg d_0$，$s_0=1+\frac{1.412}{aRe}\cdot\frac{(cu_0)^{0.942nf-1}}{d_0}$ $u_1=u_0-\frac{t_0}{s_0}$，$d_1=b^n+(cu_1)^{0.942nf}$，$t_1=u_1+\frac{2}{n}\lg d_1$ $u_2=u_0+\frac{t_0^2}{s_0(t_1-t_0)}$，$d_2=b^n+(cu_2)^{0.942nf}$ $t_2=u_2+\frac{2}{n}\lg d_2$，$s_2=1+\frac{1.412}{aRe}\cdot\frac{(cu_2)^{0.942nf-1}}{d_2}$，

表5-3中，编号1的方程为Dr John Piggott、Norman Revell和Dr thomas Kurschat等人提出的（2002年），编号2～编号4的方程为苑伟民的研究成果（2015年）。

GERG方程的求解对比与Colebrook-White方程的求解对比为VB的同一个工程。

GERG摩阻系数计算参数的对比见表5-4。

表5-4　GERG摩阻系数计算参数的对比

编号	计算结果	相对误差（%）	绝对误差	消耗时间（s）
0	1.09542638973705E-02	1.109E-13	1.124E-17	1.110
1	1.10227698980720E-02	6.254E-01	6.851E-05	0.083
2	1.09521009468493E-02	-1.975E-02	-2.163E-06	0.100
3	1.09542759490653E-02	1.100E-04	1.205E-08	0.146
4	1.09542638994465E-02	1.895E-08	2.076E-12	0.202

表5-4中，编号0为弦截法求解隐式GERG方程的结果，编号1～编号4为求解显式GERG方程的结果。采用的精确值为弦截法计算的数值取13位有效数字，即0.01095426389737。

5.3　本章小结

本章通过对摩阻系数及其求解方程进行调研和讨论，得出以下几点结论：

（1）Colebrook-White方程不是适用于所有情况的准确计算摩阻系数的方程。

（2）在大型管网计算中，隐式方程的计算结果虽然准确度较高（从数值方面来看），但是消耗的时间较多，将方程显式化后可使计算时间大大缩短，其准确度可以满足工程需要。

（3）由图5-3～图5-5可以看出，GERG方程的适应范围很广，当$n=10$时反映了流态的急剧变化。

第6章　常微分方程初值问题的数值解法

一般的输气管道稳态模拟会遇到求解常微分方程初值的问题，可以使用的求解方法有经典四阶龙格—库塔法（Runge-Kutta）、亚当斯（Adams）修正—预测—校正法（PMECME，以经典四阶龙格—库塔法提供初值）等。常微分方程初值问题的数值解法有很多，本章将对其适用情况等予以介绍。

6.1　常微分方程初值问题的数值解法

常微分方程初值问题的数值解法分为单步法和多步法。经典四阶龙格—库塔法属于单步法，亚当斯修正—预测—校正法属于多步法。经典四阶龙格—库塔法分为隐式方程和显式方程的求解两个部分，亚当斯修正—预测—校正法也分为显式方程和隐式方程的求解两个部分。此外，还有 Milne 法、Simpson 法、Hamming 法、预测—校正法，包括亚当斯四阶预测—校正法（PECE）、亚当斯修正—预测—校正法和四阶修正米尔尼—汉明（Milne-Hamming）预测—校正法。

本章不进行公式的理论推导，只将公式列出。

6.1.1　经典四阶龙格—库塔法

经典四阶龙格—库塔法的求解方程为：

$$\left.\begin{aligned}
y_{n+1} &= y_n + \frac{h}{6}(K_1 + 2K_2 + 2K_3 + K_4) \\
K_1 &= f(x_n, y_n) \\
K_2 &= f\left(x_n + \frac{h}{2}, y_n + \frac{h}{2}K_1\right) \\
K_3 &= f\left(x_n + \frac{h}{2}, y_n + \frac{h}{2}K_2\right) \\
K_4 &= f(x_n + h, y_n + hK_3)
\end{aligned}\right\} \tag{6-1}$$

经典四阶龙格—库塔法求解方程的每一步都需要计算四次函数值 f，其截断误差为 $O(h^5)$。

6.1.2 四阶亚当斯显式公式与隐式公式

形如 $y_{n+k}=y_{n+k-1}+h\sum_{i=0}^{k}\beta_i f_{n+i}$ 的 k 步法，称为亚当斯法。$\beta_k=0$ 为显式方法，$\beta_k\neq 0$ 为隐式方法，通常分别称为亚当斯显式公式与隐式公式，也称 Adams-Bashforth 公式与 Adams-Monlton 公式。

表 6－1 和表 6－2 分别列出了 k＝1，2，3，4 时的亚当斯显式公式与隐式公式，其中 k 为步数，p 为方法的阶，c_{p+1}为误差常数。

表 6－1　亚当斯显式公式

k	p	公式	c_{p+1}
1	1	$y_{n+1}=y_n+hf_n$	$\frac{1}{2}$
2	2	$y_{n+2}=y_{n+1}+\frac{h}{2}(3f_{n+1}-f_n)$	$\frac{5}{12}$
3	3	$y_{n+3}=y_{n+2}+\frac{h}{12}(23f_{n+2}-16f_{n+1}+5f_n)$	$\frac{3}{8}$
4	4	$y_{n+4}=y_{n+3}+\frac{h}{24}(55f_{n+3}-59f_{n+2}+37f_{n+1}-9f_n)$	$\frac{251}{720}$

表 6－2　亚当斯隐式公式

k	p	公式	c_{p+1}
1	2	$y_{n+1}=y_n+\frac{h}{2}(f_{n+1}+f_n)$	$-\frac{1}{12}$
2	3	$y_{n+2}=y_{n+1}+\frac{h}{12}(5f_{n+2}+8f_{n+1}-f_n)$	$-\frac{1}{24}$
3	4	$y_{n+3}=y_{n+2}+\frac{h}{24}(9f_{n+3}+19f_{n+2}-5f_{n+1}+f_n)$	$-\frac{19}{720}$
4	5	$y_{n+4}=y_{n+3}+\frac{h}{720}(251f_{n+4}+646f_{n+3}-264f_{n+2}+106f_{n+1}-19f_n)$	$-\frac{3}{160}$

同阶的亚当斯法，隐式公式计算的结果要比显式公式计算的结果误差小，如表6－1 和表 6－2 所示，其局部截断误差主项分别为 251/720 和－19/720。

6.1.3 预测—校正法

对于隐式公式的线性多步法，计算时要进行迭代，计算量较大。为了避免进行迭代，通常用显式公式给出 y_{n+k} 的一个初始近似值，记为 $y_{n+k}^{(0)}$，称为预测（predictor），接着计算 f_{n+k} 的值（evaluation），再用隐式公式计算 y_{n+k}，称为校正（corrector）。一般情况下，预测公式与校正公式都取同阶的显式方法与隐式方法相匹配。

6.1.3.1　亚当斯四阶预测—校正法

用四阶亚当斯显式公式做预测，再用四阶亚当斯隐式公式做校正，得到以下亚当斯四阶预测—校正（PECE）公式：

$$
\left.\begin{aligned}
&\text{P}: y_{n+4}^{p} = y_{n+3} + \frac{h}{24}(55f_{n+3} - 59f_{n+2} + 37f_{n+1} - 9f_n) \\
&\text{E}: f_{n+4}^{p} = f(x_{n+4}, y_n^{p} + 4) \\
&\text{C}: y_{n+4} = y_{n+3} + \frac{h}{24}(9f_{n+4}^{p} + 19f_{n+3} - 5f_{n+2} + f_{n+1}) \\
&\text{E}: f_{n+4} = f(x_{n+4}, y_{n+4})
\end{aligned}\right\} \qquad (6-2)
$$

6.1.3.2　亚当斯修正—预测—校正法

对亚当斯四阶预测—校正公式做进一步改造，可得到下面的亚当斯修正—预测—校正（PMECME）公式：

$$
\left.\begin{aligned}
&\text{P}: y_{n+4}^{p} = y_{n+3} + \frac{h}{24}(55f_{n+3} - 59f_{n+2} + 37f_{n+1} - 9f_n) \\
&\text{M}: y_{n+4}^{pm} = y_{n+4}^{p} + \frac{251}{270}(y_{n+3}^{c} - y_{n+3}^{p}) \\
&\text{E}: f_{n+4}^{pm} = f(x_{n+4}, y_{n+4}^{pm}) \\
&\text{C}: y_{n+4}^{c} = y_{n+3} + \frac{h}{24}(9f_{n+4}^{pm} + 19f_{n+3} - 5f_{n+2} + f_{n+1}) \\
&\text{M}: y_{n+4} = y_{n+4}^{c} - \frac{19}{270}(y_{n+4}^{c} - y_{n+4}^{p}) \\
&\text{E}: f_{n+4} = f(x_{n+4}, y_{n+4})
\end{aligned}\right\} \qquad (6-3)
$$

值得一提的是，在计算过程中，校正步骤即式（6−3）的 M 式在第一次计算时 y_3^p 未知，可将（$y_3^c - y_3^p$）一项设为 0，不需要用其他公式进行估值，这样做显然更方便。

6.1.3.3　四阶修正米尔尼—汉明预测—校正法

四阶修正米尔尼—汉明预测—校正（PMECME）公式：

$$
\left.\begin{aligned}
&\text{P}: y_{n+4}^{p} = y_4 + \frac{4}{3}h(2f_{n+3} - f_{n+2} + 2f_{n+1}) \\
&\text{M}: y_{n+4}^{pm} = y_{n+4}^{p} + \frac{112}{121}(y_{n+3}^{c} - y_{n+3}^{p}) \\
&\text{E}: f_{n+4}^{pm} = f(x_{n+4}, y_{n+4}^{pm}) \\
&\text{C}: y_{n+4}^{c} = \frac{1}{8}(9y_{n+3} - y_{n+1}) + \frac{3}{8}h(f_{n+4}^{pm} + 2f_{n+3} - f_{n+2}) \\
&\text{M}: y_{n+4} = y_{n+4}^{c} - \frac{9}{121}(y_{n+4}^{c} - y_{n+4}^{p}) \\
&\text{E}: f_{n+4} = f(x_{n+4}, y_{n+4})
\end{aligned}\right\} \qquad (6-4)
$$

在式（6－4）的计算过程中也会遇到第一次迭代需要计算 y_4^p 和 y_5^p 的情况。对于求解 y_4^p 需要设 $n=0$，计算预测，即P式。求解 y_5^p 则可以设 $y_{n+4}^p=y_n+\frac{4}{3}h(2f_{n+3}-f_{n+2}+2f_{n+1})=0$。这样就不必用其他公式进行估值。

6.2 算例分析与对比

为了考察经典四阶龙格—库塔法和亚当斯法的适用条件，现对其进行举例分析。

6.2.1 算例1

四阶亚当斯显式公式求解常微分方程初值问题。

先利用常用的经典四阶龙格—库塔公式［式（6－1）］求初值：

$$\begin{cases}\dfrac{\mathrm{d}y}{\mathrm{d}x}=1-\dfrac{2xy}{1+x^2},0\leqslant x\leqslant 2\\ y|_{x=0}=0\end{cases}$$

再利用四阶亚当斯显式公式（表6－1）求常微分方程初值，步长 $h=1/15$，并计算它与精确解的误差。在同一图形窗口画出精确解和数值解的图形，如图6－1所示。

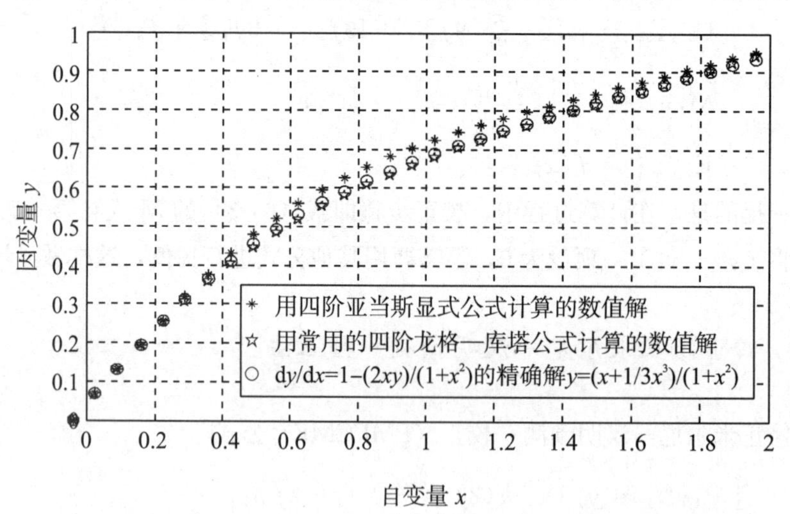

图6－1 用经典四阶龙格—库塔公式和四阶亚当斯显式公式求常微分方程的初值

由图6－1可以看出，四阶亚当斯显式公式在前4次迭代的数值解与精确解的绝对误差较小，但是从第5次迭代开始到第30次迭代为止，随着自变量的增大，四阶亚当斯显式公式计算的数值解与精确解的绝对误差逐渐增大，大约在 $x=1$ 左右又逐渐减小，但是误差始终比经典四阶龙格—库塔公式的误差大，尤其是在 $x_n=0.9333$ 时，误差最大。

6.2.2　算例 2

四阶亚当斯隐式公式求解常微分方程初值问题。

先利用常用的经典四阶龙格—库塔公式［式（6−1）］求初值：

$$\begin{cases} \dfrac{\mathrm{d}y}{\mathrm{d}x} = x - y, 0 \leqslant x \leqslant 1 \\ y\,|_{x=0} = 0 \end{cases}$$

再利用四阶亚当斯隐式公式（表 6−2）求常微分方程的初值，步长 $h=1/10$，并计算它与精确解 $y = x - 1 + \mathrm{e}^{-x}$ 的误差。在同一图形窗口画出精确解和数值解的图形，如图 6−2 所示。

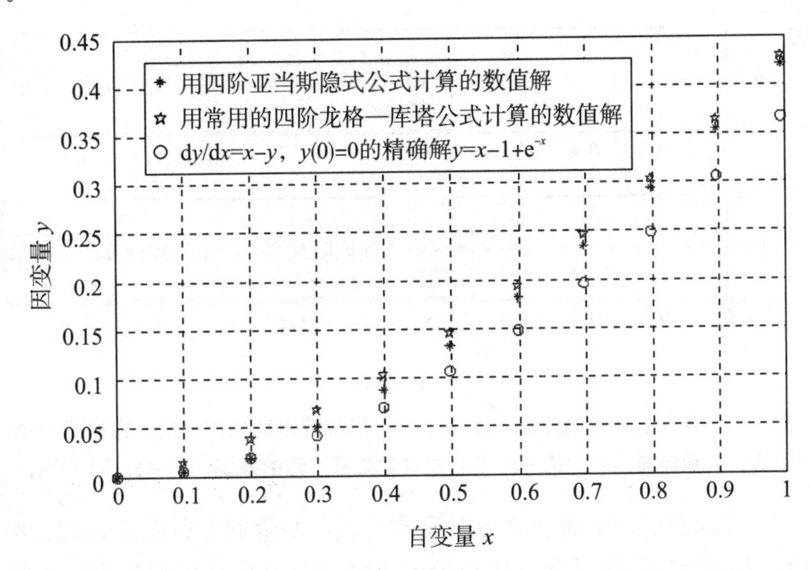

图 6−2　用经典四阶龙格—库塔公式和四阶亚当斯隐式公式求常微分方程的初值

由图 6−2 可以看出，四阶亚当斯隐式公式在整个过程中的误差都比经典四阶龙格—库塔公式的小。

6.2.3　算例 3

先利用常用的经典四阶龙格—库塔公式［式（6−1）］求初值：

$$\begin{cases} \dfrac{\mathrm{d}y}{\mathrm{d}x} = 1 - \dfrac{2xy}{1+x^2}, 0 \leqslant x \leqslant 2 \\ y\,|_{x=0} = 0 \end{cases}$$

算出几个点的数值解，再分别利用亚当斯四阶预测—校正公式［式（6−2）］、四阶亚当斯显式公式（表 6−1）、四阶亚当斯隐式公式（表 6−2）和经典四阶龙格—库塔公式［式（6−1）］求常微分方程的初值，步长 $h=1/3$，并计算它与精确解 $y =$

$\left(x+\frac{1}{3}x^3\right)/(1+x^2)$ 的误差。在同一图形窗口画出精确解和数值解的图形，如图 6－3 所示。

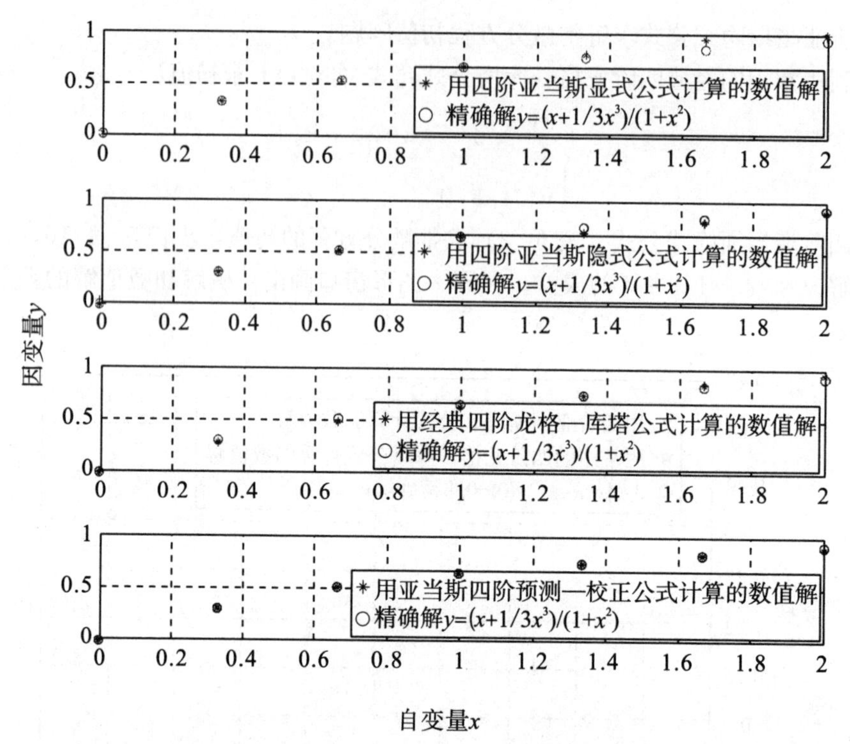

图 6－3　用亚当斯四阶预测—校正公式、四阶亚当斯显式公式、四阶亚当斯隐式公式和经典四阶龙格—库塔公式求常微分方程的初值

由图 6－3 可以看出，用四阶亚当斯显式公式、四阶亚当斯隐式公式、经典四阶龙格—库塔公式和亚当斯四阶预测—校正公式求常微分方程初值的稳定性和准确度依次提高。

6.2.4　算例 4

对比如下两个凹凸不同的图形的偏微分方程，以验证各种方法的稳定性，并对计算时间进行比较。

方程 1：$\begin{cases} y' = y - \dfrac{2x}{y} \\ y(0) = 1 \end{cases}$，［其解为：$y(x) = \sqrt{1+2x}$ ］

方程 2：$\begin{cases} y' = -y + x + 1 \\ y(0) = 1 \end{cases}$，［其解为：$y(x) = e^{-x} + x$ ］

方程 1 的原函数图形如图 6－4 所示。

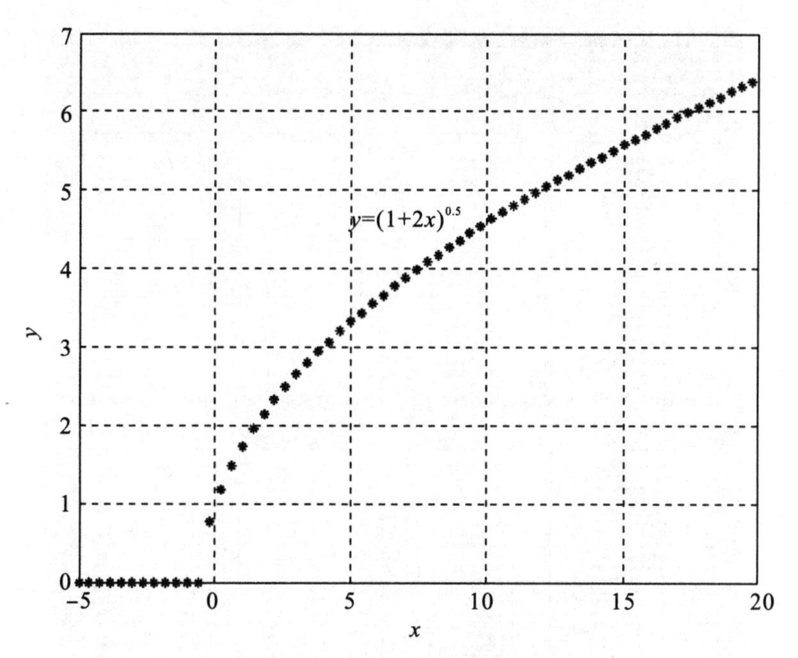

图 6−4　方程 1 的原函数图形

方程 2 的原函数图形如图 6−5 所示。

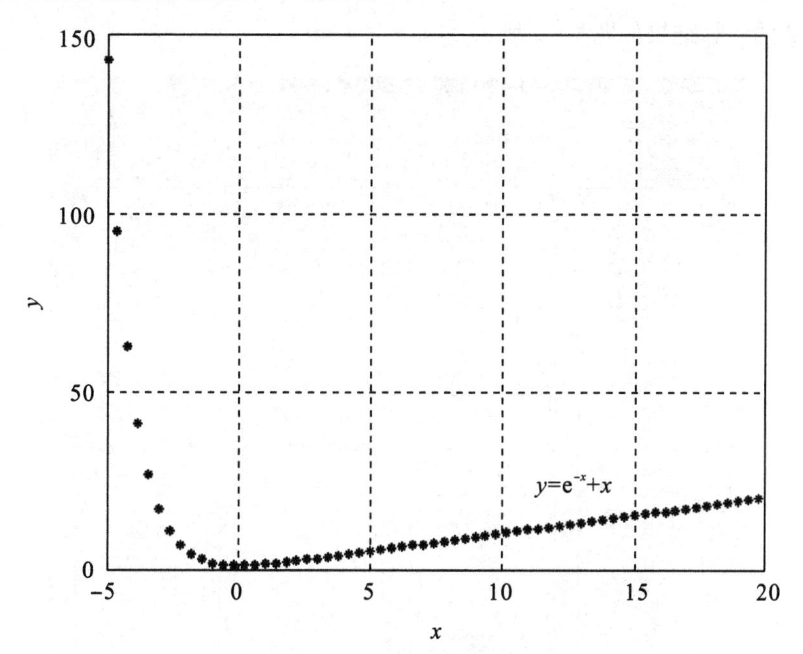

图 6−5　方程 2 的原函数图形

用 VB6 SP6 编程进行计算，并对结果进行分析。

(1) 计算结果。

方程 1 的计算结果如图 6−6 所示。

图 6—6 方程 1 的计算结果

方程 2 的计算结果如图 6—7 所示。

图 6—7 方程 2 的计算结果

(2) 计算误差。

方程 1 的计算误差如图 6—8 所示。

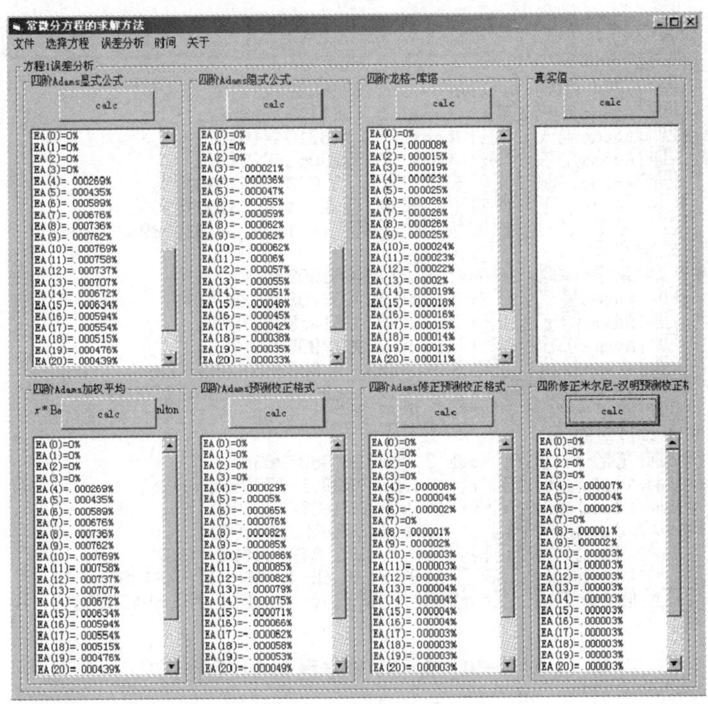

图 6−8　方程 1 的计算误差

方程 2 的计算误差如图 6−9 所示。

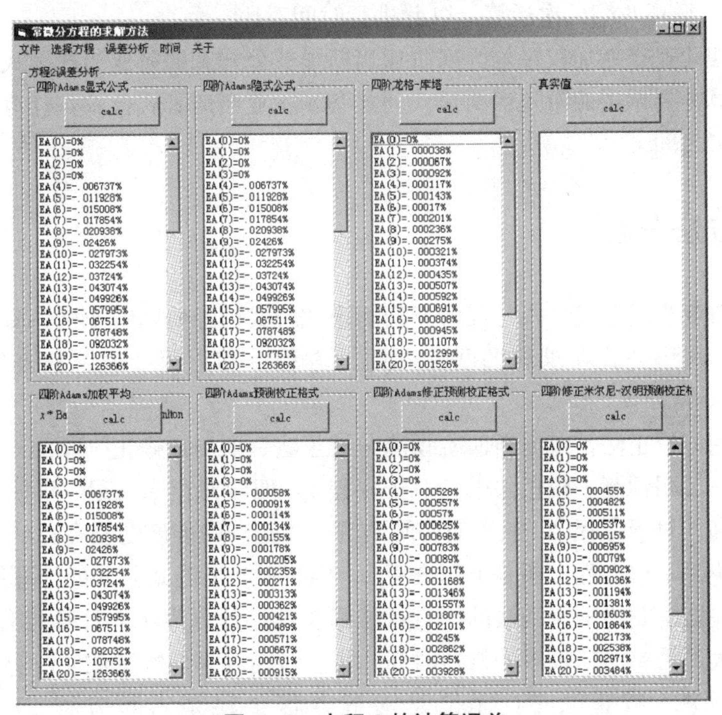

图 6−9　方程 2 的计算误差

（3）计算时间。

方程 1 和方程 2 的计算时间如图 6−10 所示。

```
计算时间
求解方程1
四阶龙格-库塔it took: 3.26219365869126s
四阶Adams显式公式it took: 3.49611053918864s
四阶Adams隐式公式it took: 3.07283104416902s
四阶Adams加权平均it took: 6.59280634829287s
四阶Adams预测校正格式it took: 3.86651152590623s
四阶Adams修正预测校正格式it took: 4.40632007699303s
四阶修正米尔尼-汉明预测校正格式it took: 4.82388962843043s
求解方程2
四阶龙格-库塔it took: 4.2748486190284s
四阶Adams显式公式it took: 3.98372083602804s
四阶Adams隐式公式it took: 3.09614350427219s
四阶Adams加权平均it took: 7.09279950384756s
四阶Adams预测校正格式it took: 3.83295670259768s
四阶Adams修正预测校正格式it took: 4.56645607193093s
四阶修正米尔尼-汉明预测校正格式it took: 5.11744118316713s
平均计算时间
四阶龙格-库塔 it took:3.76852113885983
四阶Adams显式公式 it took:3.73991568760834
四阶Adams隐式公式 it took:3.08448727422061
四阶Adams加权平均 it took:6.84280292607021
四阶Adams预测校正格式 it took:3.84973411425195
四阶Adams修正预测校正格式 it took:4.48638807446198
四阶修正米尔尼-汉明预测校正格式 it took:4.97066540579878
```

图 6－10　方程 1 和方程 2 的计算时间

（4）计算结果说明。

第一，将上述 2 个方程的 7 种算法分别进行 24 步预测（只列出前 20 步计算结果，步长为 0.1），循环 5×10^4 次运算，以此进行时间对比。

第二，四阶亚当斯加权平均为四阶亚当斯显式公式和四阶亚当斯隐式公式的加权平均值，其计算需要调用四阶亚当斯显式公式和四阶亚当斯隐式公式，计算时间较长，精确度介于两者之间。

6.2.5　方法分析

（1）四阶亚当斯显式公式、四阶亚当斯隐式公式、经典四阶龙格—库塔公式中，经典四阶龙格—库塔公式在求解凹凸性不同的方程 1 和方程 2 时，都表现出较好的准确度。

（2）预测—校正法：亚当斯四阶预测—校正法、亚当斯修正—预测—校正法、四阶修正米尔尼—汉明预测—校正法中，对于方程 1，四阶修正米尔尼—汉明预测—校正法的准确度较高；对于方程 2，亚当斯四阶预测—校正法的准确度较高。

（3）无论是求解方程 1 还是求解方程 2，四阶亚当斯隐式公式的计算用时都较短。

（4）经典四阶龙格—库塔法的优点：准确度高，计算简单，计算过程稳定；缺点：计算量比较大，需要消耗较多的机器时间［每一步需计算四次函数 $f(x,y)$ 的值］。

（5）在预测—校正法中，无论是求解方程 1 还是求解方程 2，四阶亚当斯（Adams）预测—校正法的计算用时都较短。

6.3　本章小结

本章在研究一般的输气管道稳态模拟的常微分方程初值问题数值解法的基础上，将几种求解常微分方程初值的算法进行了对比，得出以下结论：

（1）四阶亚当斯显式公式、四阶亚当斯隐式公式、经典四阶龙格—库塔公式中，经典四阶龙格—库塔公式的计算准确度较高。

（2）预测—校正法：亚当斯四阶预测—校正法、亚当斯修正—预测—校正法和四阶修正米尔尼—汉明预测—校正法的适应性和准确度都较高，但是，亚当斯四阶预测—校正法的计算更方便，所耗时间较短。

（3）经典四阶龙格—库塔法的优点：精度高，计算简单，计算过程稳定，并且易于调节步长。但是，经典四阶龙格—库塔法也有不足之处：其要求函数 $f(x,y)$ 具有较高的光滑性。如果 $f(x,y)$ 的光滑性差，那么其精确度可能还不如欧拉公式或改进的欧拉公式。经典四阶龙格—库塔法的另一个缺点：计算量比较大，需要消耗较多的机器时间[每一步需计算四次函数 $f(x,y)$ 的值]。

（4）亚当斯四阶预测—校正法的优点：每计算一步只需计算两个函数值，计算量小于经典四阶龙格—库塔法，而且在计算过程中已经大致估计出误差。不足之处在于其必须借助别的方法计算开始的几个函数值，计算过程中不易改变步长。

从总体上考虑，亚当斯四阶预测—校正法在计算方便程度、稳定性和准确度方面更具优势，计算耗时也较短。

第 7 章　等温输气管道稳态模拟

天然气管道稳态分析是天然气管网设计的依据，是进行管网系统模拟和各种动态工况分析的基础，也是加强管网系统优化运行以及确定最优改扩建方案的基础。对天然气管道进行稳态分析和工况分析，有助于了解管网系统的工作状态，掌握管网系统的运行规律，以对不同工况下管网供气的经济性和安全性进行评价。

本章介绍了多维牛顿节点法、一维牛顿节点法、多维牛顿环路法、一维牛顿环路法和节点线性逼近法等输气管道稳态模拟计算方法；介绍了姚光镇、江茂泽、席德粹、苑伟民等人对传统的等温输气管道稳态模拟计算方法提出的改进技术手段，并应用上述方法对结果进行了分析比较。

7.1　多维牛顿节点法

7.1.1　节点连续性方程

根据克希荷夫第一定律（Kirchhoff's Current Law，又称基尔霍夫电流定律），任意节点流量的代数和为零，也就是说，任一节点的载荷等于支管内流入和流出节点的流量总和。下面分析以图 7-1 为例的管网。

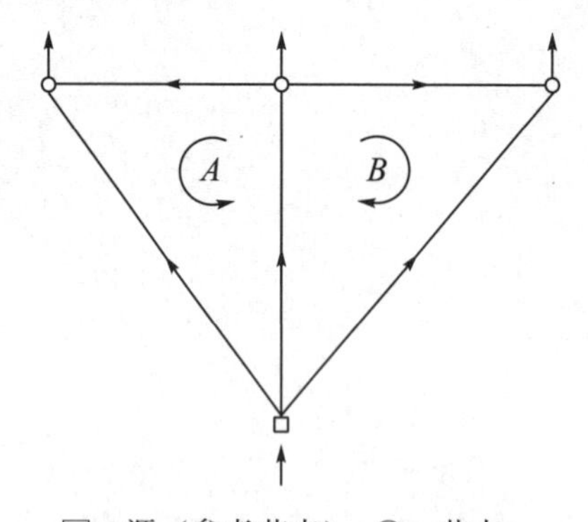

□—源（参考节点），○—节点

图 7-1　输气管网模型

根据克希荷夫第一定律，这个管网的节点方程为：

$$\left.\begin{aligned} -\boldsymbol{Q}_1-\boldsymbol{Q}_2-\boldsymbol{Q}_3 &= \boldsymbol{L}_1 \\ \boldsymbol{Q}_1+\boldsymbol{Q}_4 &= -\boldsymbol{L}_2 \\ \boldsymbol{Q}_2-\boldsymbol{Q}_4-\boldsymbol{Q}_5 &= -\boldsymbol{L}_3 \\ \boldsymbol{Q}_3+\boldsymbol{Q}_5 &= -\boldsymbol{L}_4 \end{aligned}\right\} \tag{7-1}$$

节点 1 为参考节点，它的压力与这一节点的载荷无关。因为节点 1 为气源节点，载荷 $\boldsymbol{L}_1$ 为气源节点，载荷 $\boldsymbol{L}_1$ 是流入管网所有载荷之和，即 $\boldsymbol{L}_1=\boldsymbol{L}_2+\boldsymbol{L}_3+\boldsymbol{L}_4$。在方程组(7−1) 的第一个方程中，假设流入节点流量为正号，流出节点的流量（即用户用气量）给定为负号。节点方程可表示为：

$$\boldsymbol{L}_i=\sum_{j=1}^{m} a_{ij}\boldsymbol{Q}_j, i=1,2,\cdots,n_1 \tag{7-2}$$

将上述气体管网节点方程组表示成矩阵形式：

$$\boldsymbol{L}=\boldsymbol{A}_1\boldsymbol{Q} \tag{7-3}$$

式中：$\boldsymbol{L}$ ——载荷节点上的载荷矢量，为 n_1 维；

$\boldsymbol{A}_1$ ——简约的支管—节点关联矩阵；

$\boldsymbol{Q}$ ——支管内的流量矢量，为 m 维。

节点流量差值可表示为：

$$F(\boldsymbol{p}_1)=\boldsymbol{A}_1\boldsymbol{Q}-\boldsymbol{L} \tag{7-4}$$

式中：$\boldsymbol{p}_1$为高中压管网节点压力平方的矢量，对于低压则为载荷节点的压力矢量。

7.1.2　生成节点雅克比矩阵

矩阵 $\boldsymbol{J}$ 为节点雅克比矩阵：

$$\boldsymbol{J}_{ij}=\frac{\partial f_i}{\partial \boldsymbol{p}_j} \tag{7-5}$$

式中：f_i 代表 $f_i(\boldsymbol{p}_1)$。

7.1.3　求解方程组

当压力接近真实值时，差值 $F(\boldsymbol{p}_1)$ 将趋近于零。牛顿节点法通过迭代来求解式(7−4)的方程组，直至节点差值小于规定差值为止。为修正节点压力的近似值，其迭代形式为：

$$\boldsymbol{p}_1^{k+1}=\boldsymbol{p}_1^k+(\Delta\boldsymbol{p}_1)^k \tag{7-6}$$

式中：k——迭代次数。

$\Delta\boldsymbol{p}_1$项由下列方程计算求得：

$$\boldsymbol{J}^k(\Delta\boldsymbol{p}_1)^k=-[F(\boldsymbol{p}_1)]^k \tag{7-7}$$

节点法的主要缺点是收敛性不好。由于方程中节点雅克比矩阵 $\boldsymbol{J}$ 包含了平方根或接近于平方根形式的项，这些项在计算上效率低，并且这种方法对初始值极其敏感。因此，如果对迭代过程的初始值估计远离方程的解，计算过程很有可能发散。

7.2 一维牛顿节点法（哈代—克劳斯法）

利用哈代—克劳斯法求解式（7—4）的方程。不同的是，多维牛顿节点法是将方程组作为一个整体来求解，而哈代—克劳斯法是对方程逐个求解。

给出一个节点初始压力近似值，然后以这个近似值交替对每一个节点进行修正，以得到最优近似值；重复进行以上过程，直到所有节点的差值小于规定的容许误差值为止。

如同多维牛顿节点法一样，一维牛顿节点法也需要求解同样的节点方程组：

$$F(\boldsymbol{p}_1)=\boldsymbol{A}_1\boldsymbol{Q}-\boldsymbol{L} \tag{7-8}$$

对于任何节点 i，节点差值可由下式给出：

$$f_i(\boldsymbol{p}_1)=\sum_{j=1}^{m}a_{ij}\boldsymbol{Q}_j-\boldsymbol{L}_i, i=1,2,\cdots,n_1 \tag{7-9}$$

修正节点 i 压力近似值的迭代形式为：

$$\left.\begin{aligned}\boldsymbol{p}_i^{k+1}&=\boldsymbol{p}_i^k+(\Delta\boldsymbol{p}_1)^k\\ \Delta\boldsymbol{p}_i^k&=-(\boldsymbol{J}_{ii}^k)^{-1}f_1(\boldsymbol{p}_1)^k\\ \boldsymbol{J}_{ii}&=\frac{\partial f_i}{\partial\boldsymbol{p}_i}\end{aligned}\right\} \tag{7-10}$$

式中：f_i 代表 $f_1(\boldsymbol{p}_1)$。

在单一迭代时，考虑到各个节点的序列，对较好的压力近似值可由独立计算得到。利用依赖于节点压力的支管内流量，可计算节点压力的修正值。在全部迭代过程中，节点压力在依序被修正时，支管内的流量保持不变。

在一维牛顿节点法中，忽略了雅克比矩阵中对角线以外的元素，因此比多维牛顿节点法的收敛性更差。

7.3 多维牛顿环路法

根据克希荷夫第二定律，任一闭合环路的压力降为零，可得描述气体管网环路方程组的矩阵方程：

$$\boldsymbol{B}[\varphi(\boldsymbol{Q})]=0 \tag{7-11}$$

支管流量是其初始近似值和所有环路流量的函数：

$$\boldsymbol{Q}=\boldsymbol{Q}_0+\boldsymbol{B}^{\mathrm{T}}\boldsymbol{q} \tag{7-12}$$

式中：$\boldsymbol{Q}_0$ ——初始支管流量近似值（在求解时，余树流量可设为零，树枝流量为其节点载荷流量值）；

$\boldsymbol{B}^{\mathrm{T}}$ ——支管—节点关联矩阵的转置；

$\boldsymbol{q}$ ——环路流量矢量，为 k 维（k 为环路个数）。

由式（7−11）、式（7−12）可得：

$$F(\boldsymbol{q})=\boldsymbol{B}[\varphi(\boldsymbol{Q}_0+\boldsymbol{B}^{\mathrm{T}}\boldsymbol{q})] \tag{7-13}$$

需要给出环路流量 $\boldsymbol{q}$ 的初始近似值，这个近似值依序被修正，直到求得解为止。用牛顿环路法迭代求解式（7−11）的方程，直到这个环路差值都小于规定的容许误差值为止。

修正环路流量近似值的迭代形式为：

$$\boldsymbol{q}^{k+1}=\boldsymbol{q}^k+\delta\boldsymbol{q}^k \tag{7-14}$$

环路流量的修正值由式（7−15）给出：

$$\boldsymbol{J}^k(\delta\boldsymbol{q})^k=-[F(\boldsymbol{q})]^k \tag{7-15}$$

矩阵 $\boldsymbol{J}$ 为环路雅克比矩阵，由式（7−16）给出：

$$\boldsymbol{J}_{ij}=\frac{\partial f_i}{\partial \boldsymbol{q}_j} \tag{7-16}$$

式中：f_i代表 $f_i(\boldsymbol{q})$。

7.4　一维牛顿环路法

下面利用哈代—克劳斯法求解式（7−10）的方程。给出支管流量 $\boldsymbol{Q}$ 和环路流量 $\boldsymbol{q}$ 的初始近似值，然后交替地将这个近似值对每一个节点进行修正，以得到最优近似值；重复以上过程，直到所有节点的差值小于规定的容许误差值为止。

对于任一环路 j，其环路差值为：

$$f_j(\boldsymbol{q})=\sum_{i=1}^{b}b_{ji}[\varphi(\boldsymbol{Q}_0+\boldsymbol{B}^{\mathrm{T}}\boldsymbol{q})] \tag{7-17}$$

修正环路流量近似值的迭代形式为：

$$\left.\begin{aligned}\boldsymbol{q}_j^{k+1}&=\boldsymbol{q}_j^k+\delta\boldsymbol{q}_j^k\\ \delta\boldsymbol{q}_j^k&=-(\boldsymbol{J}_{jj}^k)^{-1}f_j^k(\boldsymbol{q})\\ \boldsymbol{J}_{jj}&=\frac{\delta f_j}{\delta\boldsymbol{q}_j}\end{aligned}\right\} \tag{7-18}$$

式中：f_j代表 $f_j(\boldsymbol{q})$。

在单一迭代时，考虑到环路的顺序，对较好的环路流量近似值可由独立计算得到。利用依赖于环路流量的支管流量，可以计算环路流量的修正值。在全部迭代过程中，即使在环路流量依序被修正时，支管流量也保持不变。在一次迭代中，每个单独的环路流量在得到修正后再重新计算支管流量，这样可以减少迭代次数。

7.5　节点线性逼近法

节点线性逼近法又叫线性逼近法，应用节点线性逼近法计算非线性方程、方程组可以有两个途径：一是从求解回路流量着手，称为回路法；二是从求解节点压差（低压管网为节点压差与基准点间的压力差，中压和高压管网为节点与基准点间的压力平方差）着手，称为节点法。由于后者不必提供管段初始流量即可计算，因此用节点法比较方便。

根据节点线性方程组求出管段压力降 $\Delta \boldsymbol{p}$：

$$\boldsymbol{Y}\Delta\boldsymbol{p} = \boldsymbol{q} \tag{7-19}$$

式中：$\boldsymbol{Y}$——节点导纳矩阵。

根据支管内压力降与节点压力的关系，求解管段压力降列向量 $\boldsymbol{p}$：

$$\boldsymbol{A}^{\mathrm{T}}\boldsymbol{p} = \Delta\boldsymbol{p} \tag{7-20}$$

式中：$\boldsymbol{A}^{\mathrm{T}}$——支管—节点的关联矩阵的转置；

$\boldsymbol{p}$——管段压力降列向量；

$\Delta\boldsymbol{p}$——对应基准点的节点压差（或者压力平方差）。

根据式（7-21），可以求解管段流量新值 $\boldsymbol{Q}$：

$$\left.\begin{aligned} \boldsymbol{Q} &= \boldsymbol{G}\Delta\boldsymbol{p} \\ \boldsymbol{G} &= 1/\boldsymbol{K}' \\ \boldsymbol{K}' &= \boldsymbol{K}\left|\boldsymbol{Q}\right|^{m_1-1} \end{aligned}\right\} \tag{7-21}$$

式中：$\boldsymbol{G}$——管段导纳。

计算节点导纳矩阵 $\boldsymbol{Y}$：

$$\boldsymbol{Y} = \boldsymbol{A}\boldsymbol{G}\boldsymbol{A}^{\mathrm{T}} \tag{7-22}$$

按求解步骤迭代，直到满足要求为止。

7.6 改进技术

利用节点线性逼近法求解方程时发现，在迭代过程中，如果迭代流量不采用前后两次的算术平均值，则求解得到的流量将会在最后结果的偏大值和偏小值之间反复运算，整个过程无法收敛。因此，取前一次迭代的流量值和计算求得的流量值两者的算术平均值作为下一次迭代的流量值，可以改进传统的计算方法。对于节点线性逼近法，改进技术不但保证了过程的收敛，而且提高了运算过程的收敛速度。

7.7 实例

7.7.1 管网结构模型 1

图 7-2 为管网结构示意图。节点 4 为气源，具有 3 kPa（表压）的确定压力。节点 1、节点 2 和节点 3 的载荷分别为 250 m^3/h、100 m^3/h 和 180 m^3/h。表 7-1 列出了管段数

据。支管节点关联矩阵为：

$$
\boldsymbol{A}=\begin{pmatrix}1 & 0 & 0 & 1 & 0\\ 0 & 1 & 0 & -1 & -1\\ 0 & 0 & 1 & 0 & 1\end{pmatrix}
$$

支管环路关联矩阵为：

$$
\boldsymbol{C}=\begin{pmatrix}1 & -1 & 0 & -1 & 0\\ 0 & 1 & -1 & 0 & 1\end{pmatrix}
$$

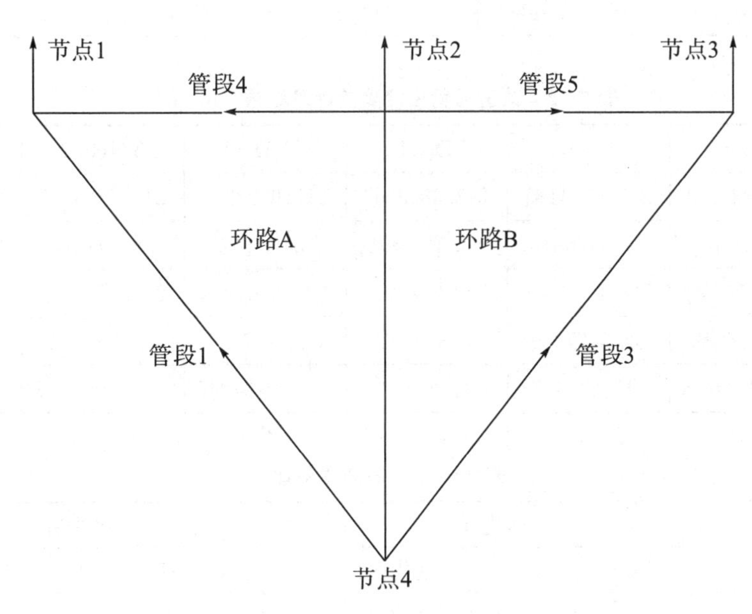

图 7−2　管网结构示意图

表 7−1　管段数据

管段	发送节点	接收节点	管径（mm）	长度（m）
1	4	1	150	680
2	4	2	100	500
3	4	3	150	420
4	2	1	100	600
5	2	3	100	340

7.7.2　管网结构模型 1 结果分析

采用 MATLAB R2007b 进行编程计算。表 7−2 和表 7−3 分别列出了改进前后管段流量的计算结果，改进前后计算效果的对比见表 7−4。其中，N−R 代表多维牛顿节点法，H−R 代表一维牛顿节点法，DNH 代表多维牛顿环路法，YNH−1 代表一维牛顿环路法，YNH−2 代表一维牛顿环路法的加速迭代法，XB 代表节点线性逼近法。

表 7—2　改进前管段流量的计算结果（m³/h）

管段	N—R	H—R	DNH	YNH—1	YNH—2	XB
1	217.6816594	217.682671	217.6816487	217.6825454	217.6822889	不收敛
2	85.0475424	85.0477149	85.047543	85.0471068	85.0472908	不收敛
3	227.2707975	227.2721667	227.2708082	227.2703477	227.2704203	不收敛
4	32.31834	32.3189788	32.3183513	32.3174546	32.3177111	不收敛
5	—47.2707909	—47.2701763	—47.2708082	—47.2703477	—47.2704203	不收敛

表 7—3　改进后管段流量的计算结果（m³/h）

管段	N—R	H—R	DNH	YNH—1	YNH—2	XB
1	217.6830209	217.6814185	217.6803067	217.6822224	217.6823207	217.708996
2	85.048482	85.0476815	85.0474691	85.0475828	85.047278	85.0206883
3	227.271184	227.2704664	227.2722242	227.2701948	227.2704012	227.2703158
4	32.3176482	32.3177929	32.3196933	32.3177776	32.3176793	32.291004
5	—47.2729745	—47.2714178	—47.2722242	—47.2701948	—47.2704012	—47.2703158

表 7—4　计算效果对比

计算方法	改进前		改进后	
	计算时间（s）	迭代次数	计算时间（s）	迭代次数
N—R	0.011927	25	0.008563	25
H—R	0.005465	22	0.021887	85
DNH	0.008901	4	0.012786	5
YNH—1	0.010839	18	0.018627	29
YNH—2	0.005064	10	0.006858	15
XB	不收敛	不收敛	0.008349	23

应用改进技术后，对于多维牛顿节点法，运算速度有所提高；但是，对于一维牛顿节点法和一维牛顿环路法，效果相反。

7.7.3　管网结构模型 2

图 7—3 为高压管网结构示意图。表 7—5 列出了节点数据，其中节点 22 的压力为 3.431 MPa。表 7—6 列出了管段数据。

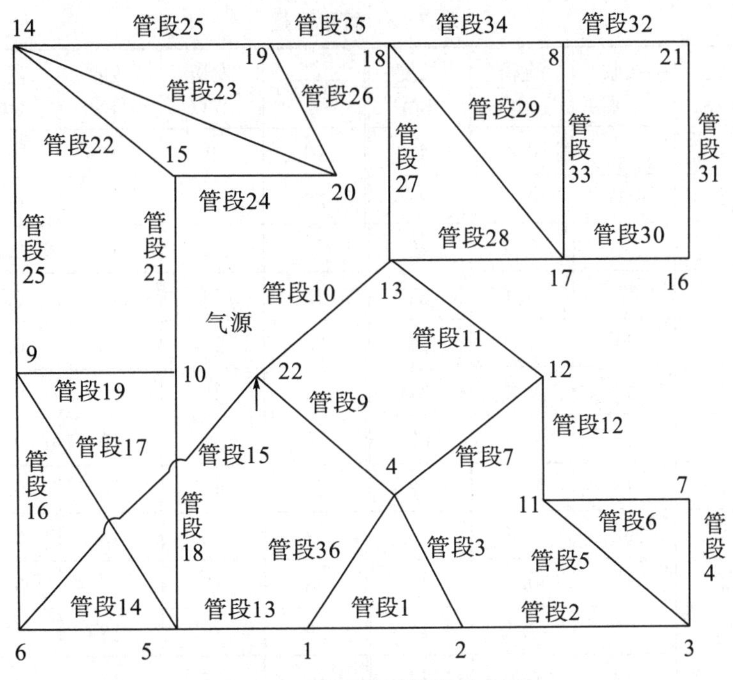

图 7—3　高压管网结构示意图

表 7—5　节点数据

节点	载荷（m³/h）	节点	载荷（m³/h）
1	12000	12	16000
2	20000	13	17000
3	16000	14	10000
4	17000	15	9000
5	18000	16	8000
6	12000	17	9000
7	13000	18	10000
8	20000	19	17000
9	15000	20	16000
10	12000	21	15000
11	10000	22	

表 7－6　管段数据

管段	发送节点	接收节点	直径（m）	长度（km）	管段	发送节点	接收节点	直径（m）	长度（km）
1	1	2	0.4	42	19	9	10	0.4	22
2	2	3	0.5	35	20	9	14	0.4	53
3	2	4	0.5	40	21	10	15	0.5	53
4	3	7	0.4	31	22	14	15	0.4	22
5	3	11	0.7	52	23	14	20	0.4	28
6	7	11	0.4	31	24	15	20	0.5	17
7	4	12	0.5	60	25	14	19	0.4	17
8	4	13	0.7	52	26	19	20	0.5	22
9	4	22	0.5	45	27	13	18	0.5	52
10	22	13	0.4	43	28	13	17	0.4	60
11	12	13	0.5	31	29	17	18	0.5	32
12	11	12	0.4	27	30	17	16	0.4	27
13	1	5	0.4	85	31	16	21	0.4	27
14	5	6	0.5	27	32	21	8	0.4	27
15	6	22	0.4	15	33	8	17	0.4	27
16	6	9	0.4	17	34	8	18	0.4	42
17	5	9	0.5	41	35	18	19	0.5	45
18	5	10	0.4	35	36	1	4	0.7	50

7.7.4　管网结构模型 2 结果分析

表 7－7 和表 7－8 分别列出了流量和压力模拟结果，使用改进后的节点线性逼近法用时仅 0.047 s。

表 7－7　流量模拟结果

管段	流量（m^3/h）	管段	流量（m^3/h）	管段	流量（m^3/h）	管段	流量（m^3/h）
1	8971.2	10	48816.0	19	19990.8	28	17560.8
2	24123.6	11	－15148.8	20	16524.0	29	－20592.0
3	－35150.4	12	－14875.2	21	25977.6	30	15037.2
4	6566.4	13	－856.8	22	－781.2	31	7038.0
5	1558.8	14	－52056.0	23	2376.0	32	－7963.2

续表7－7

管段	流量（m^3/h）	管段	流量（m^3/h）	管段	流量（m^3/h）	管段	流量（m^3/h）
6	－6433.2	15	－100360.8	24	16196.4	33	－14115.6
7	15724.8	16	36306.0	25	4928.4	34	－13845.6
8	54828.0	17	15210.0	26	－2574.0	35	9496.8
9	－142819.2	18	17985.6	27	53935.2	36	－20116.8

表 7－8　压力模拟结果

节点	压力（MPa）	节点	压力（MPa）	节点	压力（MPa）
1	3.153	9	3.147	17	3.103
2	3.140	10	3.131	18	3.107
3	3.132	11	3.132	19	3.107
4	3.156	12	3.147	20	3.107
5	3.153	13	3.151	21	3.089
6	3.189	14	3.109	22	3.413
7	3.130	15	3.110		
8	3.093	16	3.092		

注：使用的 MATLAB 软件版本和计算机操作系统不同，可能会导致输出结果有差别。

7.8　本章小结

（1）哈代—克劳斯法、多维牛顿环路法具有较好的运算速度和收敛性。

（2）取前一次迭代的流量值和计算求得的流量值两者的算术平均值作为下一次迭代的流量值，采用改进后的牛顿—拉夫逊法、节点线性逼近法都有较好的运算速度和收敛性。

（3）节点线性逼近法除了收敛速度令人满意外，上机前的准备工作也大为减少。该法首先解得的是节点压差，大大降低了计算结果的差错率。此外，该方法在反映管网水力工况的直观性方面也比较理想。

（4）研究表明，改进的节点线性逼近法在计算量上与其他方法相当，但是在初始值要求、原始数据准备等方面比其他方法简单，在计算效率、收敛性和收敛速度等方面更具优势。

第 8 章　非等温输气管道稳态模拟

输气管道模拟就是通过计算机对设定系统以某种数学模型进行分析。分析结果是否准确，主要取决于模型是否准确，求解方法是否得当。此外，模型的繁简程度、计算量的大小和计算时间的多少也是需要考虑的因素。当气体在管道系统中流动时，同时受到热力和水力因素的制约，当压力和流速较低时，可以认为是等温稳态流动，可以在模型中不考虑温度的变化，否则应该考虑温度的变化。但是，长距离输气管道通常处于不稳定流动状态，因此需要采用动态分析的方法建模。本章只考虑非等温输气管道稳态模拟的数学模型及其求解。

斯通（1969 年，1972 年）提出一种新方法，获得一个由管道、压缩机、控制阀和储气库组成的综合气体系统模型的稳态解。他用牛顿—莱甫森迭代法求解非线性代数方程组。

1978 年，Berard 和亚森利用牛顿—莱甫森迭代法求解非线性方程，开发出一种计算机程序来模拟稳态天然气输送网络。该程序有几个特点：①最优的节点数目；②隐式压缩机燃料天然气消费计算；③按比例平均分配气体进入网络系统的能力；④气体的温度分布的计算方法。如此，以促进高效、准确地模拟大节点系统。

罗兹（1983 年）、欧阳和阿齐兹（1996 年）和德国一些研究人员（2001 年）曾描述过调节管道内的流动可压缩流体的方程。由于考虑到摩擦、海拔和动能引起的压力降，简单形式的一般流动方程得到了发展。

1992 年，Hoeven 和 Gasunie 使用线性化方法，描述了燃气管网模拟的一些数学方面的技术。

1994 年，Tian 和 Adewumi 用一维不忽略动能项的可压缩流体方程，以确定通过管道系统的天然气流动。这个方程提供了给定管段气体流量（流速）与入口、出口压力之间的函数关系；在假设温度和压缩因子恒定的前提下，讨论了稳态可压缩流动天然气。

1994 年，Greyvenstein 和 Laurie（1994 年）使用 Patankar 法（Patankar，1980 年）的 SIMPLE 算法，处理管网的问题。需要特别重视求解压力校正方程、稳定的算法、初始条件的敏感性和收敛参数。

1998 年，Costa 等人提供了一个稳定状态的天然气管道模拟。在此模拟中，管道和压缩机被选定为可压缩流动网络的组成元件。一条管线的模型再次使用了一维可压缩流动方程来描述沿管的压力、温度和通过管道的流量之间的关系。通过求解流动方程和能量守恒方程，研究了等温、绝热和多变流动条件之间的差异。通过一个简单的压力增加和压缩机气体的质量流量之间的关系来建立压缩机模型。

1998 年，Sung 等人提出了一种使用最小生成树的混合网络模型（HY-PIPENET）。在这个模型中，对每个参数进行了研究，以了解每个单独的参数，如源压力、流量和管道直径对优化网络的作用。Sung 等人发现，管径与源压力之间存在一个最佳关系。

1999 年，Cameron 提出使用基于 Excel 的稳态和瞬态模拟模型——TFlow。TFlow 包括写在 Microsoft Excel 中的 Visual Basic for Applications（VBA）和写在 C++中的一个动态链接库（DLL）的用户界面。所有建立管道模型的必要信息都包含在一个 Excel 工作簿，同时显示模拟结果。

2001 年，Rios-Mercado 等人提出了一种求解天然气输气管网优化问题的简化技术，这些结果对稳态管网的可压缩流动是有效的。决策变量是通过每个管段的质量流量和每个管道节点处的气体压力等级。

2002 年，Martinez-Romero 等人描述了通过管道的稳态可压缩流，为在优化过程中最重要的流动方程定义关键参数提出了一个敏感性分析。他们用的软件包“Gas Net”在 Stoner 方法的基础上加上了对求解系统方程的改善。基本的数学模型假设燃气管网有两个元件：节点和节点的连接器。连接器代表在进口和出口有不同压力的元件，如管道、压缩机、阀门和调压器。

2002 年，Fauer 提出了一般方程，可以使用每个变量辅助做出准确预测。为了提供准确的预测，模型必须包含几个细节，这些细节不仅描述了管网，还描述了它输送的流体和它运行的环境。Fauer 用两个步骤得到了一个有用的模型：①在该模型中获得适当级别的细节；②调整模型达到真实的结果，其中包括稳态调节、带有瞬态因子的稳态调整、瞬态调整和在线调整。

本章将运用上述几章的公式和结论对非等温输气管道稳态模拟进行分析，对文献中应用较为广泛的模型进行介绍，并与本章提出的模型进行对比分析。

8.1　输气管道稳态模拟的数学模型

本节将建立输气管道稳态模拟的数学模型，以 MBWRSY 状态方程为例对其进行分析。

8.1.1　模拟模型的建立

连续性方程为：

$$\frac{\partial \rho}{\partial \tau} - \frac{1}{A} \cdot \frac{\partial m}{\partial x} = 0 \tag{8-1}$$

运动方程为：

$$\frac{1}{A} \cdot \frac{\partial m}{\partial \tau} - \frac{\partial (p + v^2 \rho)}{\partial x} = -\frac{\lambda v^2 \rho}{2D} - \rho g \frac{\mathrm{d}s}{\mathrm{d}x} \tag{8-2}$$

能量方程为：

$$\frac{\partial}{\partial \tau}\left[\rho\left(h-\frac{p}{\rho}+\frac{v^2}{2}\right)\right]+\frac{\partial}{\partial x}\left[\frac{m}{A}\left(h+\frac{v^2}{2}\right)\right]=-\frac{4K(T-T_0)}{D}-\frac{mg}{A}\cdot\frac{\mathrm{d}s}{\mathrm{d}x} \tag{8-3}$$

式中：p ——管道内气体压力，Pa；

ρ ——气体密度，kg/m^3；

τ ——时间，s；

x ——管道轴向长度，m；

A ——管道截面积，m^2；

D ——管道内径，m；

m ——质量流量，kg/s；

$\mathrm{d}s/\mathrm{d}x$ ——单位长度的高程变化；

g ——重力加速度，m/s^2；

λ ——摩阻系数；

T ——气体温度，K；

h ——气体比焓，J/kg；

K ——传热系数，$W/(m^2 \cdot K)$；

T_0 ——管道埋深处地温，K。

对于输气管道的稳定流动，其流动参数不随时间的变化而变化，式（8－1）～式（8－3）中的时间项可以舍去。由于：

$$\frac{\partial \rho}{\partial x}=\left(\frac{\partial \rho}{\partial p}\right)_T\cdot\frac{\partial p}{\partial x}+\left(\frac{\partial \rho}{\partial T}\right)_p\cdot\frac{\partial T}{\partial x}$$

$$\frac{\partial h}{\partial x}=\left(\frac{\partial h}{\partial p}\right)_T\cdot\frac{\partial p}{\partial x}+\left(\frac{\partial h}{\partial T}\right)_p\cdot\frac{\partial T}{\partial x}$$

将上述公式整理化简可得到以下气体管道稳态模拟数学模型：

$$\begin{bmatrix} 0 & 0 & 0 \\ v^2\left(\frac{\partial \rho}{\partial T}\right)_p & v^2\left(\frac{\partial \rho}{\partial p}\right)_T-1 & 0 \\ \left(\frac{\partial h}{\partial T}\right)_p & \left(\frac{\partial h}{\partial p}\right)_T-\frac{1}{\rho} & 0 \end{bmatrix}\cdot\begin{bmatrix} \frac{\mathrm{d}T}{\mathrm{d}x} \\ \frac{\mathrm{d}p}{\mathrm{d}x} \\ \frac{\mathrm{d}m}{\mathrm{d}x} \end{bmatrix}=\begin{bmatrix} 0 \\ \frac{\lambda\rho}{2D}v^2+\rho g\frac{\mathrm{d}s}{\mathrm{d}x} \\ \frac{\lambda}{2D}v^2-\frac{4K(T-T_0)A}{Dm} \end{bmatrix} \tag{8-4}$$

将式（8－4）写为：$\boldsymbol{A}\cdot\boldsymbol{X}=\boldsymbol{B}$，$\boldsymbol{A}$、$\boldsymbol{B}$ 为系数矩阵。

式（8－4）中的偏微分运算可由式（8－5）得到：

$$\left(\frac{\partial \rho}{\partial T}\right)_p=-\frac{(\partial p/\partial T)_\rho}{(\partial p/\partial \rho)_T} \tag{8-5}$$

式（8－5）等式右边偏微分运算可由式（4－12）和式（4－13）求得。

$$\left(\frac{\partial \rho}{\partial p}\right)_T=\frac{1}{(\partial p/\partial \rho)_T} \tag{8-6}$$

$$\left(\frac{\partial h}{\partial p}\right)_T=\frac{1}{\rho}+\frac{T}{\rho^2}\cdot\left(\frac{\partial \rho}{\partial T}\right)_p \tag{8-7}$$

$$\left(\frac{\partial h}{\partial T}\right)_p = c_p \tag{8-8}$$

或者

$$\left(\frac{\partial h}{\partial T}\right)_p = C_1 + C_2\left(\frac{\partial \rho}{\partial T}\right)_p \tag{8-9}$$

式中：

$$C_1 = c_p^0 + \left(B_0 R + \frac{8C_0}{T^3} - \frac{15D_0}{T^4} + \frac{24E_0}{T^5}\right)\rho + \left(bR + \frac{2d}{T^2}\right)\rho^2 -$$

$$\frac{7}{5}\cdot\frac{\alpha\rho^5}{T^2}d - \frac{2c}{\gamma T^3}\left[3 - \left(3 + \frac{\gamma\rho^2}{2} - \gamma^2\rho^2\right)\exp(-\gamma\rho^2)\right]$$

$$C_2 = \left(B_0 RT - 2A_0 - \frac{4C_0}{T^2} + \frac{5D_0}{T^3} - \frac{6E_0}{T^4}\right) + \rho\left(2bRT - 3a - \frac{4d}{T}\right) +$$

$$\alpha\rho^4\left(6a + \frac{7d}{T}\right) + \frac{5c\rho}{T^2}\exp(-\gamma\rho^2)\left(1 + \gamma\rho^2 - \frac{2}{5}\gamma^2\rho^4\right)$$

8.1.2　模型的求解

通过分析输气管道稳态模拟的数学模型，可由式（8—4）得如下方程：

$$\frac{\mathrm{d}T}{\mathrm{d}x} = f_T(x, T, p, v) \tag{8-10}$$

$$\frac{\mathrm{d}p}{\mathrm{d}x} = f_p(x, T, p, v) \tag{8-11}$$

$$\frac{\mathrm{d}m}{\mathrm{d}x} = 0 \tag{8-12}$$

式（8—10）、式（8—11）、式（8—12）可写成如下通式：

$$\frac{\mathrm{d}y}{\mathrm{d}x} = f(x, y) \tag{8-13}$$

式（8—13）是一个常微分方程，要求解该常微分方程还必须知道边界条件，边界条件分为两类：一是初始条件，即 $x=0$ 时的 y 值，对输气管道而言就是已知管道起点的流量、压力、温度，希望求出在管道其他位置处的流量、压力、温度，属于初值问题；二是多点边界值问题，即在管道起点不完全知道流量、压力、温度的条件下，还需要在管道的其他位置补充条件，在此基础上确定管道上各位置的流量、压力、温度。

求解初值问题的方法有很多，由第 6 章的分析可知，这里可选取亚当斯四阶预测—校正法来求解。该方法首先利用常用的经典四阶龙格—库塔公式算出前几个点的数值解，再利用亚当斯四阶预测—校正公式进行求解。

经典四阶龙格—库塔法属于单步显式方法，计算比较容易；亚当斯四阶预测—校正法属于线性多步法。用该方法做输气管道静态水力计算的步骤如下：

首先，利用经典四阶龙格—库塔法求出前三个压力、温度、质量流量值，将其与入口条件一起作为亚当斯四阶预测—校正法的初值。

(1) 由管线入口条件下的温度 (T)、压力 (p) 和质量流量 (m) 或流速 (v)，求出式 (8-4) 微分方程组的系数，然后解该方程组求得初值 $\left(\frac{dT}{dx}\right)_1$、$\left(\frac{dp}{dx}\right)_1$、$\left(\frac{dm}{dx}\right)_1$ 或 $\left(\frac{dv}{dx}\right)_1$。

(2) 求新值 T、p、m 或 v：

$$T_1 = T_i + \frac{h}{2}\left(\frac{dT}{dx}\right)_1$$

$$p_1 = p_i + \frac{h}{2}\left(\frac{dp}{dx}\right)_1$$

$$m_1 = m_i + \frac{h}{2}\left(\frac{dm}{dx}\right)_1$$

$$v_1 = v_i + \frac{h}{2}\left(\frac{dv}{dx}\right)_1$$

式中，下标 i 代表变量在入口条件下的值，h 为选取步长。

(3) 利用 T_1、p_1 和 m_1 计算系数 a、b 的值，然后解式 (8-4) 的方程组，求得第二次导数值 $\left(\frac{dT}{dx}\right)_2$、$\left(\frac{dp}{dx}\right)_2$、$\left(\frac{dm}{dx}\right)_2$ 或 $\left(\frac{dv}{dx}\right)_2$，利用它们再求增量为 $h/2$ 处的温度、压力和流速：

$$T_2 = T_1 + \frac{h}{2}\left(\frac{dT}{dx}\right)_2$$

$$p_2 = p_1 + \frac{h}{2}\left(\frac{dp}{dx}\right)_2$$

$$m_2 = m_1 + \frac{h}{2}\left(\frac{dm}{dx}\right)_2$$

$$v_2 = v_1 + \frac{h}{2}\left(\frac{dv}{dx}\right)_2$$

(4) 利用 T_2、p_2 和 m_2 计算系数 a、b 的值，然后解式 (8-4) 的方程组，求得第三次导数值 $\left(\frac{dT}{dx}\right)_3$、$\left(\frac{dp}{dx}\right)_3$、$\left(\frac{dm}{dx}\right)_3$ 或 $\left(\frac{dv}{dx}\right)_3$，利用它们再求增量为 h 处的温度、压力和质量流量或流速：

$$T_3 = T_2 + h\left(\frac{dT}{dx}\right)_3$$

$$p_3 = p_2 + h\left(\frac{dp}{dx}\right)_3$$

$$m_3 = m_2 + h\left(\frac{dm}{dx}\right)_3$$

$$v_3 = v_2 + h\left(\frac{dv}{dx}\right)_3$$

（5）利用 T_3 、p_3 和 m_3 计算系数 a 、b 的值，然后解式（8—4）的方程组，求得第四次导数值 $\left(\frac{dT}{dx}\right)_4$ 、$\left(\frac{dp}{dx}\right)_4$ 、$\left(\frac{dm}{dx}\right)_4$ 或 $\left(\frac{dv}{dx}\right)_4$ 。

（6）由经典四阶龙格—库塔公式积分得到各变量增值后的值为：

$$T_{i+1}=T_i+\frac{h}{6}\left[\left(\frac{dT}{dx}\right)_1+2\left(\frac{dT}{dx}\right)_2+2\left(\frac{dT}{dx}\right)_3+\left(\frac{dT}{dx}\right)_4\right]$$

$$p_{i+1}=p_i+\frac{h}{6}\left[\left(\frac{dp}{dx}\right)_1+2\left(\frac{dp}{dx}\right)_2+2\left(\frac{dp}{dx}\right)_3+\left(\frac{dp}{dx}\right)_4\right]$$

$$m_{i+1}=m_i+\frac{h}{6}\left[\left(\frac{dm}{dx}\right)_1+2\left(\frac{dm}{dx}\right)_2+2\left(\frac{dm}{dx}\right)_3+\left(\frac{dm}{dx}\right)_4\right]$$

$$v_{i+1}=v_i+\frac{h}{6}\left[\left(\frac{dv}{dx}\right)_1+2\left(\frac{dv}{dx}\right)_2+2\left(\frac{dv}{dx}\right)_3+\left(\frac{dv}{dx}\right)_4\right]$$

在求解时可以任选 m 和 v ，其中一个可以通过公式 $m=\rho vA$ 来计算。

下标 $i+1$ 表示增值后的值，反复进行（1）至（6）步，求出前三个压力、温度、质量流量值，将其与入口条件一起作为亚当斯四阶预测—校正法的初值。

其次，亚当斯四阶预测—校正法的求解步骤以第 6 章中所涉及公式的字母含义来表示。

（7）由上一步求得的 $y(1)$ 、$y(2)$ 、$y(3)$ 、$y(4)$ 和 $f(1)$ 、$f(2)$ 、$f(3)$ 、$f(4)$ 作为初值。

（8）求解 K_1 、K_2 、K_3 、K_4 的值：

$$K_1=hf_n$$

$$K_2=\frac{h}{2}(3f_{n+1}-f_n)$$

$$K_3=\frac{h}{12}(23f_{n+2}-16f_{n+1}+5f_n)$$

$$K_4=\frac{h}{24}(55f_{n+3}-59f_{n+2}+37f_{n+1}-9f_n)$$

（9）求预测值 $y_{n+4}^p=y_{n+3}+K_4$ ；将 y_{n+4}^p 的值代入式（8—4）的方程组求系数，计算过程如上述使用经典四阶龙格—库塔法计算的第（4）步。

（10）求校正值：由 y_{n+4}^p，求 y_{n+4}的值，该值即为新的 p、T、m 或 v 值；然后再将 y_{n+4}代入式（8—4）的方程组求系数，计算过程如上述使用经典四阶龙格—库塔法计算的第（5）步。

（11）求 f_{n+4} 的值。

按照上述求解过程，反复进行（8）～（11）步，一直到管道末尾。

由上述步骤来看，亚当斯四阶预测—校正法的计算比经典四阶龙格—库塔法的计算简单。此外，亚当斯四阶预测—校正法计算速度也比经典四阶龙格—库塔法快。这将在后面加以讨论。

式（8—4）的线性方程组的解为：

$$\frac{dm}{dx}=0 \tag{8—14}$$

$$\frac{\mathrm{d}p}{\mathrm{d}x}=\frac{b_2a_{31}-b_3a_{21}}{a_{22}a_{31}-a_{32}a_{21}}-\frac{a_{23}a_{31}-a_{33}a_{21}}{a_{22}a_{31}-a_{32}a_{21}}\cdot\frac{\mathrm{d}m}{\mathrm{d}x}\tag{8-15}$$

$$\frac{\mathrm{d}T}{\mathrm{d}x}=\frac{b_3}{a_{31}}-\frac{a_{32}}{a_{31}}\cdot\frac{\mathrm{d}p}{\mathrm{d}x}-\frac{a_{33}}{a_{31}}\cdot\frac{\mathrm{d}m}{\mathrm{d}x}\tag{8-16}$$

式（8－14）～式（8－16）中，系数 a、b 均为系数矩阵中对应的元素。很明显，由式（8－14）可知，式（8－14）～式（8－16）中含有 $\frac{\mathrm{d}m}{\mathrm{d}x}$ 的项可以被简化去掉，这样就大大简化了求解过程。

8.2 算例分析

本节将通过算例对模型进行对比分析，其采用的对比方法为：将本章建立的模型与相关文献中应用的模型及求解方法进行对比，与商业软件 TGNET 进行对比。

8.2.1 模型对比

目前，文献中应用得较为广泛的一种模型为：

$$\begin{bmatrix}\frac{v}{\rho}\left(\frac{\partial\rho}{\partial T}\right)_p & \frac{v}{\rho}\left(\frac{\partial\rho}{\partial p}\right)_T & 1\\ 0 & \frac{1}{\rho} & v\\ \left(\frac{\partial h}{\partial T}\right)_p & \left(\frac{\partial h}{\partial p}\right)_T & v\end{bmatrix}\cdot\begin{bmatrix}\frac{\mathrm{d}T}{\mathrm{d}x}\\ \frac{\mathrm{d}p}{\mathrm{d}x}\\ \frac{\mathrm{d}v}{\mathrm{d}x}\end{bmatrix}=\begin{bmatrix}0\\ -\frac{\lambda}{D}\cdot\frac{v^2}{2}-g\frac{\mathrm{d}s}{\mathrm{d}x}\\ -\frac{4K(T-T_0)}{\rho vD}-g\frac{\mathrm{d}s}{\mathrm{d}x}\end{bmatrix}\tag{8-17}$$

显然，此模型要比本章建立的模型复杂，在求解过程中需要多解一个方程，有可能会耗费过多的机时。

8.2.2 计算方法对比

经典四阶龙格—库塔法已经沿用了很多年，由于其不需要多个初值，方法简单易懂，至今仍使用广泛。由第 6 章中对计算方法的研究分析可知，预测—校正法较为准确。使用亚当斯四阶预测—校正法在求解常微分方程中表现出了优越性，计算相对准确，使用较为简单、稳定。使用亚当斯四阶预测—校正法进行计算需要四个初值，本章采用的是以经典四阶龙格—库塔法提供的初值，亚当斯四阶预测—校正法进行求解的方法。

选取 TGNET 模拟结果作为参考标准进行对比。

8.2.3 求解算例

管道模型如图 8－1 所示。

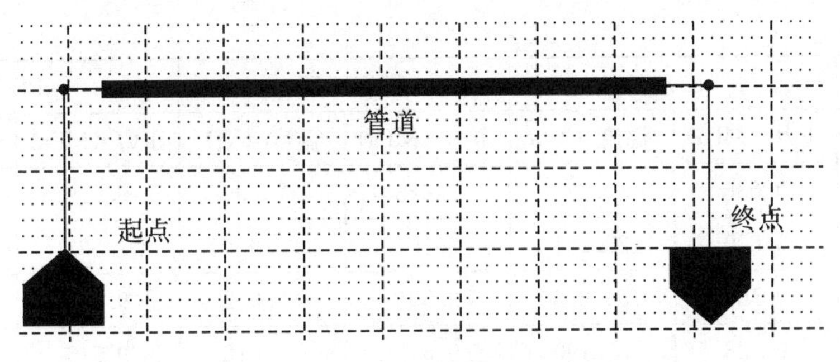

图 8−1　管道模型

算例 1：

(1) 天然气组分参数。

算例 1 的天然气组分参数见表 8−1。

表 8−1　算例 1 的天然气组分参数

组分	摩尔百分含量	组分	摩尔百分含量	组分	摩尔百分含量
CH_4	94%	C_2H_6	4%	C_3H_8	2%

(2) 管输条件。

起点给定压力 p=10 MPa，t=50℃，在标态下体积流量为 200 m^3/s，管道长度 L=500 km，管道公称直径为 DN800，即管道内径 D=800.2 mm，壁厚为 6.4 mm，内壁粗糙度 k=0.02 mm，管道埋深处地温为 10℃，传热系数 K=1.14 W/(m^2 · K)；采用 Colebrook-White 状态方程与 GERG 流量公式。采用的标准状态为 101325 Pa，0℃。

(3) 模拟结果。

算例 1 的模拟结果见表 8−2。

表 8−2　算例 1 的模拟结果

方法	NU4RK		TGNET		PECP	
距离（km）	压力（MPa）	温度（℃）	压力（MPa）	温度（℃）	压力（MPa）	温度（℃）
0	10.000	50.000	10.000	50.000	10.000	50.000
5	9.963	48.378	9.962	48.589	9.963	48.364
10	9.926	46.820	9.925	47.228	9.926	46.791
15	9.889	45.323	9.887	45.914	9.889	45.280
20	9.853	43.884	9.850	44.646	9.852	43.877
25	9.816	42.502	9.813	43.422	9.815	42.440
30	9.780	41.172	9.776	42.239	9.777	41.079
35	9.744	39.894	9.738	41.097	9.740	39.770
40	9.708	38.666	9.701	39.994	9.703	38.510
45	9.672	37.484	9.665	38.929	9.666	37.300

续表8－2

方法	NU4RK		TGNET		PECP	
距离（km）	压力（MPa）	温度（℃）	压力（MPa）	温度（℃）	压力（MPa）	温度（℃）
50	9.636	36.347	9.628	37.899	9.629	36.137
55	9.600	35.254	9.591	36.904	9.592	35.019
60	9.564	34.202	9.554	35.942	9.555	33.944
65	9.528	33.190	9.517	35.012	9.519	32.910
70	9.493	32.216	9.481	34.113	9.482	31.916
75	9.457	31.278	9.444	33.243	9.445	30.960
80	9.421	30.375	9.407	32.402	9.409	30.040
85	9.386	29.506	9.371	31.588	9.372	29.155
90	9.350	28.669	9.334	30.800	9.336	28.304
95	9.315	27.863	9.298	30.038	9.299	27.484
100	9.279	27.087	9.261	29.300	9.263	26.696
105	9.244	26.338	9.225	28.586	9.226	25.936
110	9.208	25.617	9.188	27.894	9.190	25.205
115	9.173	24.923	9.151	27.225	9.154	24.501
120	9.137	24.253	9.115	26.576	9.117	23.823
125	9.102	23.607	9.078	25.947	9.081	23.170
130	9.066	22.985	9.042	25.339	9.044	22.541
135	9.031	22.384	9.005	24.748	9.008	21.934
140	8.995	21.805	8.968	24.176	8.971	21.350
145	8.960	21.247	8.931	23.622	8.935	20.787
150	8.924	20.708	8.895	23.085	8.898	20.244
155	8.888	20.188	8.858	22.563	8.862	19.721
160	8.853	19.686	8.821	22.058	8.825	19.216
165	8.817	19.202	8.784	21.567	8.788	18.729
170	8.781	18.734	8.747	21.092	8.751	18.260
175	8.745	18.282	8.710	20.630	8.715	17.807
180	8.709	17.846	8.673	20.182	8.678	17.370
185	8.673	17.425	8.636	19.748	8.641	16.948
190	8.637	17.018	8.598	19.326	8.604	16.541
195	8.601	16.625	8.561	18.916	8.566	16.148
200	8.564	16.245	8.524	18.518	8.529	15.769

续表8－2

方法	NU4RK		TGNET		PECP	
距离（km）	压力（MPa）	温度（℃）	压力（MPa）	温度（℃）	压力（MPa）	温度（℃）
205	8.528	15.878	8.486	18.132	8.492	15.402
210	8.492	15.524	8.448	17.757	8.454	15.048
215	8.455	15.181	8.411	17.392	8.417	14.707
220	8.418	14.849	8.373	17.038	8.379	14.376
225	8.382	14.528	8.335	16.694	8.341	14.057
230	8.345	14.218	8.297	16.359	8.303	13.749
235	8.308	13.918	8.259	16.034	8.265	13.451
240	8.270	13.627	8.220	15.718	8.227	13.163
245	8.233	13.346	8.182	15.411	8.189	12.884
250	8.196	13.074	8.143	15.112	8.150	12.614
255	8.158	12.811	8.105	14.822	8.112	12.354
260	8.121	12.556	8.066	14.539	8.073	12.101
265	8.083	12.309	8.027	14.264	8.034	11.857
270	8.045	12.070	7.988	13.996	7.995	11.621
275	8.007	11.838	7.949	13.736	7.956	11.392
280	7.969	11.613	7.909	13.482	7.917	11.170
285	7.930	11.395	7.870	13.235	7.877	10.955
290	7.892	11.184	7.830	12.995	7.837	10.747
295	7.853	10.980	7.790	12.761	7.798	10.546
300	7.814	10.781	7.750	12.533	7.758	10.350
305	7.775	10.588	7.710	12.311	7.717	10.161
310	7.736	10.402	7.669	12.095	7.677	9.977
315	7.696	10.220	7.628	11.884	7.636	9.799
320	7.657	10.044	7.588	11.678	7.595	9.626
325	7.617	9.873	7.547	11.478	7.554	9.458
330	7.577	9.707	7.505	11.282	7.513	9.294
335	7.536	9.545	7.464	11.092	7.471	9.136
340	7.496	9.388	7.422	10.906	7.430	8.982
345	7.455	9.235	7.380	10.724	7.388	8.832
350	7.414	9.087	7.338	10.547	7.345	8.687
355	7.373	8.942	7.296	10.374	7.303	8.545

续表8-2

方法	NU4RK		TGNET		PECP	
距离（km）	压力（MPa）	温度（℃）	压力（MPa）	温度（℃）	压力（MPa）	温度（℃）
360	7.332	8.802	7.253	10.206	7.260	8.407
365	7.290	8.665	7.211	10.041	7.217	8.273
370	7.248	8.531	7.168	9.880	7.174	8.142
375	7.206	8.401	7.124	9.722	7.131	8.015
380	7.164	8.275	7.081	9.569	7.087	7.890
385	7.121	8.151	7.037	9.418	7.043	7.769
390	7.078	8.031	6.993	9.271	6.998	7.651
395	7.035	7.913	6.948	9.127	6.954	7.535
400	6.992	7.798	6.904	8.987	6.909	7.422
405	6.948	7.685	6.859	8.849	6.863	7.312
410	6.904	7.576	6.813	8.714	6.818	7.204
415	6.860	7.468	6.768	8.582	6.772	7.099
420	6.815	7.363	6.722	8.452	6.726	6.995
425	6.770	7.260	6.676	8.325	6.679	6.894
430	6.725	7.159	6.629	8.201	6.632	6.794
435	6.679	7.060	6.582	8.079	6.585	6.697
440	6.633	6.963	6.535	7.959	6.537	6.601
445	6.587	6.868	6.487	7.841	6.489	6.507
450	6.540	6.774	6.439	7.726	6.441	6.414
455	6.493	6.682	6.391	7.612	6.392	6.323
460	6.446	6.592	6.342	7.501	6.342	6.233
465	6.398	6.503	6.293	7.391	6.293	6.145
470	6.350	6.415	6.244	7.283	6.243	6.057
475	6.301	6.328	6.194	7.176	6.192	5.971
480	6.252	6.243	6.143	7.071	6.141	5.886
485	6.202	6.158	6.092	6.968	6.089	5.801
490	6.152	6.075	6.041	6.866	6.037	5.718
495	6.102	5.992	5.989	6.765	5.985	5.635
500	6.051	5.911	5.937	6.666	5.932	5.553

算例 1 的压力变化曲线如图 8-2 所示。

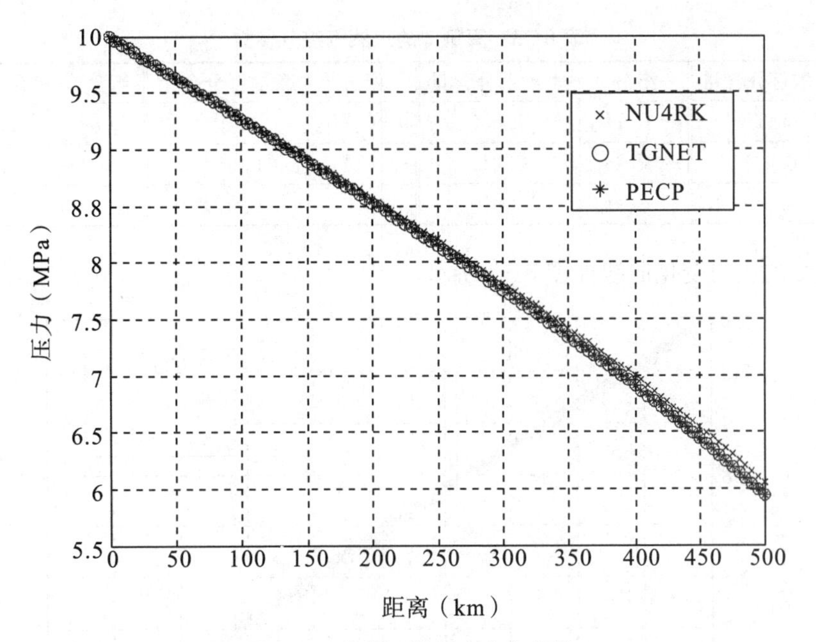

图 8−2　算例 1 的压力变化曲线

算例 1 的温度变化曲线如图 8−3 所示。

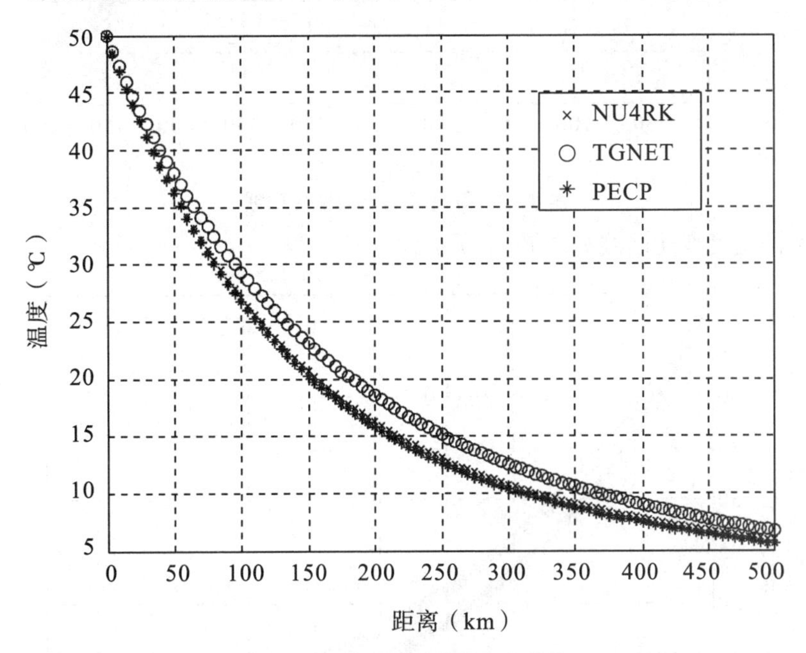

图 8−3　算例 1 的温度变化曲线

算例 2：

天然气组分参数改变，其他条件和算例 1 相同。

算例 2 的天然气组分参数见表 8−3。

表 8-3 算例 2 的天然气组分参数

组分	摩尔百分含量	组分	摩尔百分含量	组分	摩尔百分含量	组分	摩尔百分含量
CH_4	84.3%	$i-C_4H_{10}$	1.6%	$n-C_5H_{12}$	0.9%	CO_2	0.32%
C_2H_6	6.4%	$n-C_4H_{10}$	2.2%	$n-C_6H_{14}$	0.05%	N_2	0.12%
C_3H_8	3.3%	$i-C_5H_{12}$	0.8%	C_7+	0.01%		

算例 2 的压力变化曲线如图 8-4 所示。

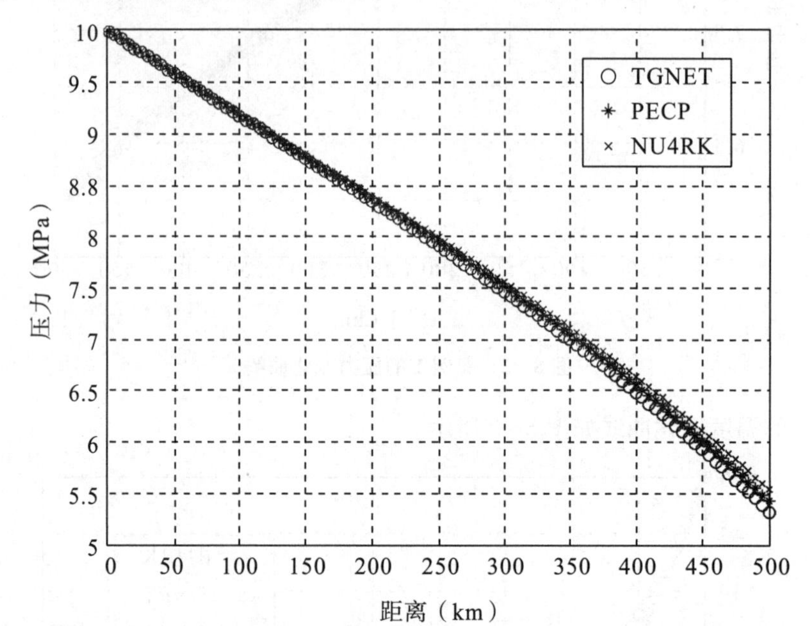

图 8-4 算例 2 的压力变化曲线

算例 2 的温度变化曲线如图 8-5 所示。

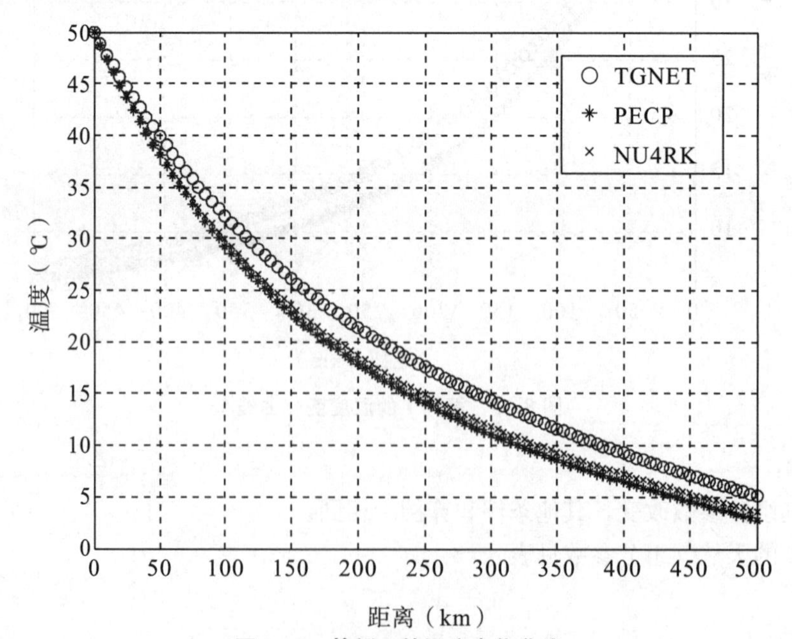

图 8-5 算例 2 的温度变化曲线

算例 3：

将算例 1 的压力改为 p=5 MPa，t=35℃，标态输量改为 50 m^3/s，管道长度改为 L=200 km，其他条件不变。

算例 3 的压力变化曲线如图 8−6 所示。

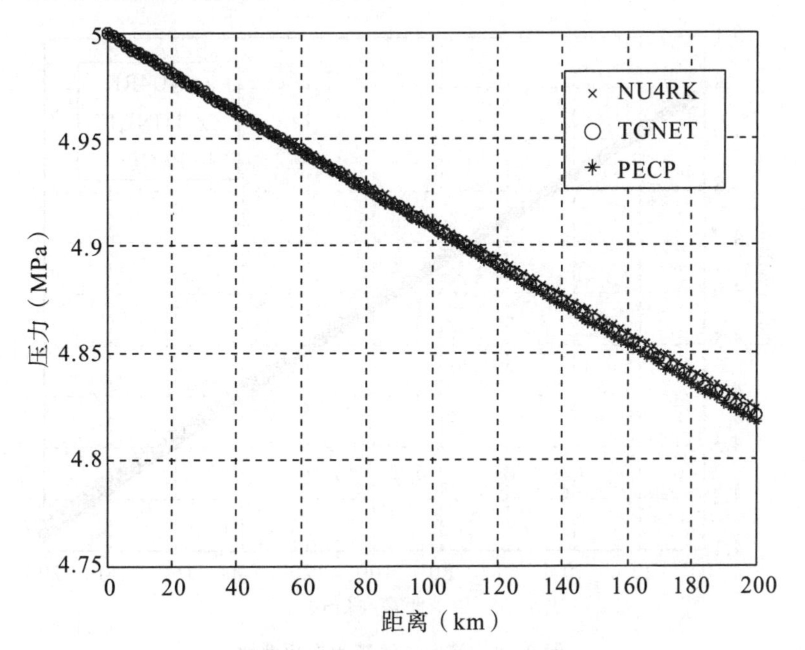

图 8−6　算例 3 的压力变化曲线

算例 3 的温度变化曲线如图 8−7 所示。

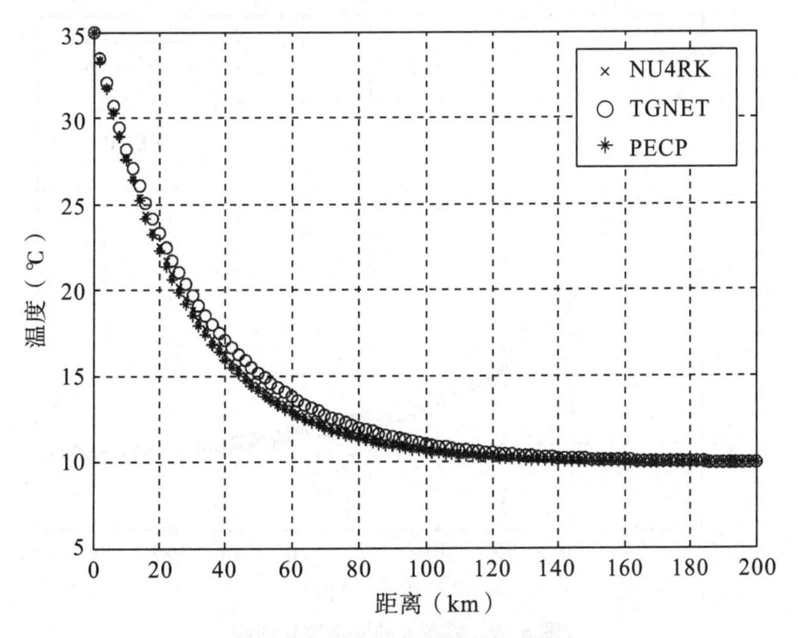

图 8−7　算例 3 的温度变化曲线

算例 4：

将算例 3 中管道公称直径改为 DN 600，即管道内径 D=597.2 mm，壁厚为6.4 mm，其他条件不变。

算例 4 的压力变化曲线如图 8-8 所示。

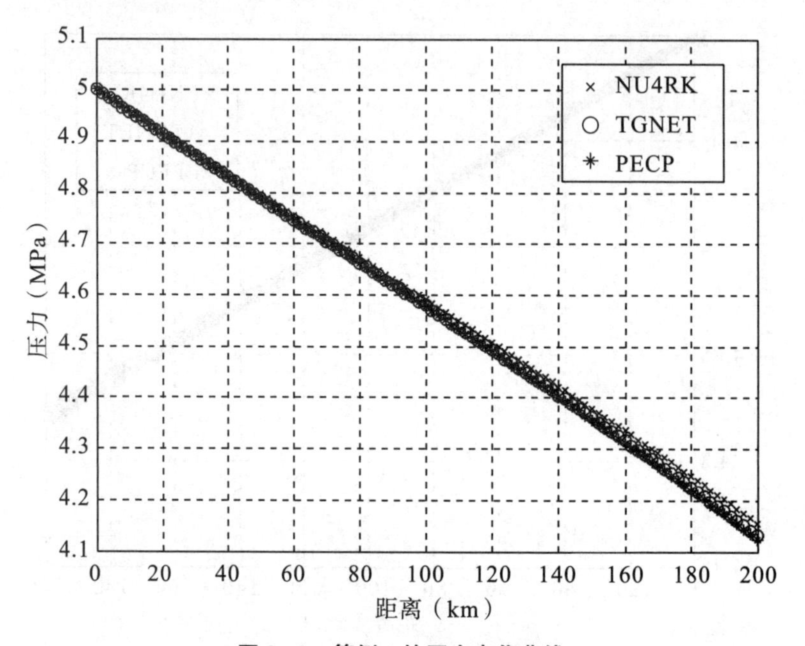

图 8-8　算例 4 的压力变化曲线

算例 4 的温度变化曲线如图 8-9 所示。

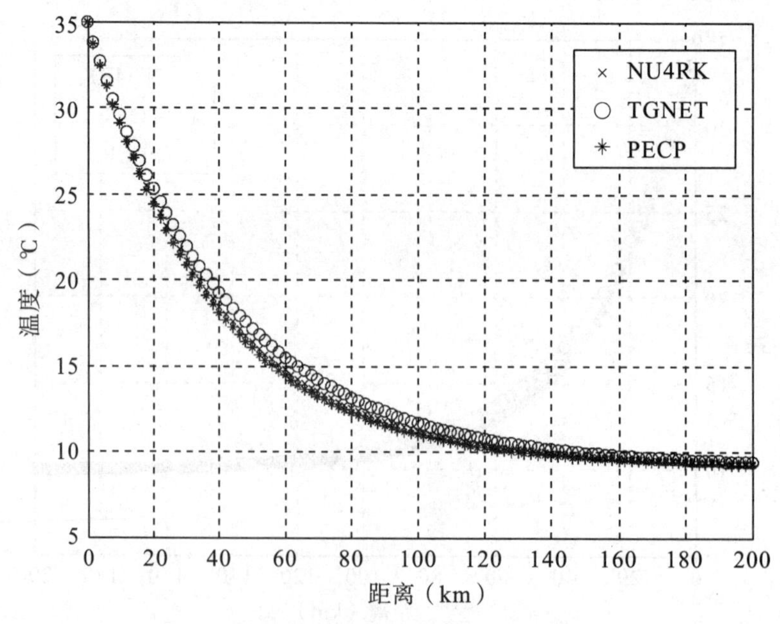

图 8-9　算例 4 的温度变化曲线

8.2.4　结果说明与分析

（1）对计算结果的说明：

①表 8－2、图 8－2～图 8－9 中，TGNET 代表使用软件 TGNET 算出的结果，PECP 代表使用本书中讨论的气体比焓、比热、比熵、摩阻系数公式和由亚当斯四阶预测—校正法算出的结果，NU4RK 代表由经典四阶龙格—库塔法算出的结果。

②算例 1 和算例 2 中步长采用 5 km，算例 3 和算例 4 中步长采用 2 km。

（2）对计算结果进行分析：

①由算例 1、算例 2、算例 3 和算例 4 的计算结果可知，经典四阶龙格—库塔法计算的压降小于 TGNET，相比之下，亚当斯四阶预测—校正法计算的压降与 TGNET 一致。

②从温降来看，经典四阶龙格—库塔法计算的结果和亚当斯四阶预测—校正法计算的结果一致。

③压降和温降随着所取步长的增大而减小。

④计算时间方面，在传统模型中，利用经典四阶龙格—库塔法计算 200 km 大约需要 14 s；本章建立的模型中，利用亚当斯四阶预测—校正法计算同样的步长需要大约 4 s。

8.3　本章小结

（1）经研究发现，当采用式（8－8）的简化模型时，各模型计算结果误差都较大，采用式（8－9）的模型比较合适，接近 TGNET 模拟结果。

（2）由表 8－2 和图 8－2～图 8－5 可以看出，由经典四阶龙格—库塔法预测的压降较小，由经典四阶龙格—库塔法和亚当斯四阶预测—校正法计算的温降比 TGNET 稍大。总的来说，3 种模型的计算结果相差均不大。

（3）在模型中，本章采用了在每一步预测及校正中，均进行所有水力、热力参数的重新计算的方法，以便得到准确的参数输出；同时对每一步长计算结果（即在每一个预测—校正循环中采用粘度、雷诺数、密度等）进行水力、热力参数的重新计算，并进行对比，结果相差很小。对于稳态计算来说，在步长不大（本章在管长为 200 km 时，分别使用了步长为 1 km 和 5 km）时，取每一个预测—校正循环中的粘度、雷诺数等为常值即可满足需要。当步长大于距离的 1/40（本章在距离为 200 km，使用步长为5 km）时，所得的温降和压降都有明显的减小。

（4）从计算时间上来看，本章模型用亚当斯四阶预测—校正法的计算用时比传统模型采用经典四阶龙格—库塔法的计算用时短。

（5）对 TGNET 软件的分析。TGNET 采用的内部单位制为英制单位制。用户设定国际单位制（或非其内部单位制）的界面输入和输出，软件需要将用户输入的单位转换为其内部单位，在输出时，又由其内部单位转换为用户需要的单位输出，这将带来一定的误差。计算结果与 TGNET 输出的结果有误差是正常的。误差分析相关内容将在第 9 章进行讨论。

第 9 章　模拟的准确度

通常我们所说的准确度，是指建立的模型与真实情况越接近，模型就越准确。准确度可以用误差来表示。通常对误差的定义是测量的观测行为与预期行为的偏差。但是，完美模型是不存在的，既然如此，误差总是有的。

误差有很多不同的来源，例如：由于模型与实际问题之间的偏差出现的误差——模型误差；由于观测产生的误差——观测误差；当数学模型不准确时，通常要用数值方法求其近似解，其近似解与精确解之间存在的误差——截断误差或方法误差；有了求解数学问题的计算公式后，用计算机做数值计算时，由于计算机的字长有限，原始数据在计算机上表示时会产生误差，由此计算过程可能产生新的误差——舍入误差。此外，由于原始数据或机器中的十进制数转化为二进制数时会产生初始误差，其对数值计算也将造成影响。

但是，模型误差对于准确度的影响是最大的。

在追求准确度的基础上对误差来源进行分析，可以减小误差的影响。

本章将围绕看似简单的准确度概念，通过讨论模拟器中的不同误差来源来讨论误差的复杂性。

9.1　准确度

简单来说，准确度就是指测量值和计算值与真值之间的一致程度。这不能与精确度混淆。精确度是指在特定条件下，用规定之量测程序，对单一量做多次独立量测所得值之间的接近程度。

通过对准确度的定义可以很自然地得到误差的定义。误差就是对准确度的衡量，定义为测量值或计算值与真值之间的差异。有了这个定义，就有了对不同模型进行对比的基础。

那么，什么是真值呢？对于一个管道模型，尤其是实时模型，可以通过实测数据和建模所得数据作对比。如果仪器本身有一个可靠的准确度，那就可以根据其测量的数据直接和模型结果作对比，运行管线的测量数据将会帮助操作人员确定模型是否准确。尽管有时候有大量操作数据可供和模型作对比，但如果模型不准确，就不容易得到误差来源。即使我们对模型在测量点上的准确度感到满意，我们也需要确保模型：①准确度在很大范围内的操作条件下都是有效的；②不会因为两个大的误差源相互抵消，而使误差看起来很小。

9.1.1 关心准确度的意义

建立管道模型的目的是基于可以测量或者估计的数量来计算无法测量或者无法估计的数量。要确定结果是否有用，知道所得到的结果与正确值之间的差距这一点很重要。但是，正确值是很少能够知道的，输入模型的参数本身就有或大或小的误差。因此，我们的目标不是建立一个毫无误差的模型，而是使模型的误差与其他不确定因素保持平衡。主要目标之一就是设计一个不引入过大误差的模型。

9.1.2 可接受的准确度

分析与准确度相关的所有因素对于人工分析来说是非常困难的，还没有可靠的工具可以做到。也就是说，模型的设计仍然是一个经验问题。然而一般来说，即便模型设计者有足够的经验，也不可能将准确度量化。

对于一些应用，如泄漏检测，需要敏感性来满足模型准确性的要求。Per Lagoni 等人指出，由于计算机资源通常很丰富，因此实时处理通常允许使用管道和其他必要设备的高准确度模型。网络模型的一个典型要求是计算压力和流量的准确度要高于 0.1%，该准确度可以与当今最好的仪器相媲美或更好。

由此看来，对于可以接受的准确度是要看场合的，要先应确定目的是什么，再决定需要什么样的准确度。

9.2 影响管道模型准确度的因素

讨论管道模型准确度的关键在于基本方程和求解方法的准确度。大部分设备和控制模型都是通过近似值或者经验公式确定的，并且准确度局限于公式中的条件。

影响管道模型准确度的因素主要有：

(1) 状态方程的建立和选取，会对管道模型的准确度造成一定影响。

(2) 理想气体的比焓、比热、比熵公式是通过曲线拟合得到的，因此会对实际气体的比热计算结果造成一定影响，进而影响比焓、比熵的计算准确度和焦耳—汤姆逊系数的准确度。

(3) 由于至今对层流到紊流过渡区的模型还不甚了解，常用的水力摩阻系数方程，如 Colebrook-White 状态方程是经验方程，会影响管道模型的准确度。

(4) 求解常微分方程初值问题选用的数值解法会影响计算的准确度。

(5) 稳态模型的建立，忽略了动能项，忽略了 200 m 以下的高差影响；往模型里输入气体时忽略了组分摩尔分数≤0.01%的项，并用 C_7+来代替 C_7 及其以上组分。

(6) 数值求解方法，如计算状态方程中的密度或压缩因子的方法，计算 Colebrook-White 方程中的摩阻系数的方法。

此外，还有通用气体常数取值的不同，见表 9－1。

表 9－1　通用气体常数取值

来源	英制单位制（psia）(ft^3)/(lb-mol)（°R）	国际单位制［J/(kmol·K)］
ISO	10.73165	8314.510
GPSA	10.732	8314.500
API	10.73138	8314.300

（7）各种单位制之间的换算等都会对模型的准确度造成影响。

在第 8 章稳态模拟算例中，式（8－4）模型计算结果和 TGNET 软件计算结果存在误差，在此将分析其产生误差的原因。

参数的 TGNET 内部单位与国际单位及其换算系数见表 9－2。

表 9－2　参数的 TGNET 内部单位与国际单位及其换算系数

参数	TGNET	SI	换算系数	参数	TGNET	SI	换算系数
密度	slug/ft^3	kg/m^3	515.378	体积热值	BTU/cf	J/m^3	37258.9
管径	ft	m	0.3048	管道质量输量	slug	kg	14.5939
能流	BTU/s	W	1055.06	管道体积输量	SCF	Sm^3	0.028317
体积流量	ft3/s	m^3/s	0.0283168	压力	psf	Pa	47.8803
质量流量	slug/s	kg/s	14.5939	截面积	ft2	m^2	0.092903
传热系数	1bf/sec. ft. R	W/(m^2·K)	26.269	粘度	slg/ft. s	Ns/m^2	47.8803
质量热值	BTU/slug	J/kg	72.2944	比热	ft. 1bf/1bm. R	J/(kg·K)	5.38032

注：表中单位换算系数的使用方法：TGNET＝SI/转换系数。

下面看一看单位制换算造成的误差有多大（表 9－3）。

表 9－3　误差分析

项目	输出	TGNET 输出	TGNET 误差
密度（kg/m^3）	42.1866 kg/m^3	43.1226 kg/m^3	－2.1706％
输入里程，1 km	输出里程，1 km	输出里程，0.995025 km	0.5000％
输入里程，22 km	输出里程，22 km	输出里程，21.7822 km	0.9999％
输入标态流量，50 m^3/s	输送状态流速，1.041270 m^3/s	输送状态流速，1.01622 m^3/s	2.4650％

对表 9－3 进行初步分析可知，TGNET 输出结果经过单位制换算后的误差绝对值范围为 0.50％～2.47％。

如果单就以上分析来看，模拟结果和 TGNET 输出结果有误差是正常的，误差限在以上范围内均属正常。这样分析显然有些武断和片面，但是它在一定程度上反映了模拟结果和 TGNET 输出结果不一致的原因，这一点不容忽视。

9.3 本章小结

通过对影响输气管道模型中准确度因素的调研以及对前几章计算结果的分析可以得出以下结论：

（1）针对单个模型（如比焓、比熵、摩阻系数方程等），要选取较为准确的模型。

（2）应根据需要选取适当的求解方法。例如，求解隐式公式采用迭代方法较准确，但是耗时长，求解显式公式耗时短。

（3）所需要的准确度要根据实际需要来确定。

（4）在模型中，频繁的单位制换算会造成累积误差，影响输出结果的准确性，应避免这种情况的发生。

第10章　计算机辅助计算

本章以 Visual Studio 2019 版本为计算机辅助计算工具，介绍计算机辅助计算天然气物理性质参数的相关知识（软件的购买、安装等请参考产品说明，在此不做介绍），并以 BWRS 状态方程中密度的求解为例进行介绍。

10.1　Visual Studio

美国微软公司的 Visual Studio 是一个综合性产品，包含大量有助于提高编程效率的新功能以及专用于跨平台开发的新工具，如 UML、代码管控、IDE 等。Visual Studio 是目前最流行的集成开发环境之一，最新版本为 Visual Studio 2019。

Visual Studio 的特点有：

Code Snippet Editor：这是一个第三方工具，用于在 Visual Basic 中创建代码片段。

灵活性：生成面向所有平台的应用。

高效：将设计器、编辑器、调试器和探查器集于一身。

完整的生态系统：可访问数千个扩展，还可利用合作伙伴和社区提供的工具、控件和模板，对 Visual Studio 进行自定义和扩展。

兼容各种语言：采用 C#、Visual Basic、F#、C++、HTML、JavaScript、TypeScript、Python 等进行编码。

轻型模块化安装：全新安装程序可优化，确保只选择自己所需的模块。

功能强大的编码工具：用各种语言轻松自如地编码，快速查找和修复代码问题，并轻松进行重构。

高级调试：进行调试，快速找到并修复 bug。用分析工具找到和诊断性能问题。

设备应用：适用于 Apache Cordova、Xamarin 和 Unity 的工具。

Web 工具：可使用 ASP. NET、Node. js、Python 和 JavaScript 进行 Web 开发。可使用 AngularJS、jQuery、Bootstrap、Django 和 Backbone. js 等功能强大的 Web 框架。

Git 集成：在 GitHub 等提供商托管的 Git 存储库中管理源代码。也可使用 Visual Studio Team Services 管理整个项目的代码、bug 和工作项。

登录到 Visual Studio Community，可访问丰富的免费开发工具和资源。

10.2 Visual Basic.NET 编程涉及的相关知识

Visual Basic. NET（VB. NET）是 Visual Studio 的一个组件，是一种面向对象的编程语言，该语言允许程序员使用对象来实现程序的目标。在面向对象的编程或 OOP 中，对象是可以看到、触摸或使用的任何东西。换句话说，一个对象几乎是任何东西。为 Windows 环境编写的程序通常使用诸如复选框、列表框和按钮之类的对象。

10.2.1 变量

变量用来存储程序中需要处理的数据，用户可以把变量看作在内存中存储数据的盒子。在其他程序设计语言中，几乎都要求程序设计人员在使用变量之前定义变量的数据类型，因为不同数据类型的变量所需要的内存空间是不一样的。比如，字节型变量需要 8 位空间，短整型变量需要 16 位空间等，这表示盒子的容量是不一样的，所以为一种数据类型定义的变量不能存放另一种数据类型的值。

在 VB. NET 中，创建变量的方法有两种：一种是使用 Dim 关键字，这是显式定义的方法；另一种是使用隐式定义，也就是在用户需要使用一个变量的时候直接写出这个变量并为它赋值。

显式定义方法如下：

```
Dim a
```

通过这样一条语句，就创建了一个名为 a 的变量。也可以用下面的方法一次定义多个变量：

```
Dim a, b
```

上面这条语句创建了两个变量：a 和 b。

(1) 变量的命名。

VB. NET 和其他语言一样，其变量名称必须以字母开头，只能包含字母、数字和下划线，并且不是 VB. NET 关键字。在为变量命名时，应尽量采用小写前缀加上有特定描述意义的名字，这种命名方法被称为 Hungarian 法。例如下面的定义，变量名的前三个字母用于说明数据类型，第四个字母大写以表示变量的实际含义：

```
Dim strName
Dim intNum
```

在 VB. NET 中，常用的约定前缀见表 10−1。

表 10−1 数据类型的约定前缀

数据类型	前缀	举例
Boolean	bln	blnYes
Byte	byt	bytByte

续表10－1

数据类型	前缀	举例
Char	chr	chrChar
Date	dat	datDate
Double	dbl	dblDouble
Decimal	dec	decDecimal
Integer	int	intTotal
Long	lng	lngLong
Single	sng	sngSingle
Short	sho	shoShort
String	str	strText
Object	obj	objFileObject

（2）当使用 Dim 语句的时候，可以在后面加上一个 as 关键字来指定一个变量的数据类型。例如：

Dim intNum as Integer

这条语句表示创建一个名为“intNum”的整数类型的变量，使用这种方法可以指明一个变量必须要保存什么类型的数据。虽然 VB. NET 并不强迫用户在定义变量的时候一定要指明其数据类型，但是建议在编写程序时使用这种方法来指明变量的数据类型，以减少程序出错的可能。

（3）虽然可以使用隐式方法来创建变量，但是由于前面提到的原因，仍然建议使用显式方法来定义变量。

（4）在 VB. NET 中，是不区分大小写的，这就意味着变量 strName 和变量 strname 将表示同一个变量。

10. 2. 1. 1　数据类型

VB. NET 中有基本数据类型、对象数据类型及自定义数据类型。其中基本数据类型有 12 种不同的数据类型，可以分成三类：数值数据类型、字符数据类型和其他数据类型。

（1）数值数据类型是 VB. NET 数据类型的主要类型，共 7 种。数值数据类型见表 10－2。

表 10－2　数值数据类型

数据类型	表示方式	取值范围	举例
整型	Integer	－2147483648～2147483647	Dim intNum As Integer intNum=5201314
字节型	Byte	0～255	Dim bytMyByte As Byte bytMyByte=128

续表10－2

数据类型	表示方式	取值范围	举例
短整型	Short	－32768～32767	Dim shoMyShort As Short shoMyShort=1314
长整型	Long	－9223372036854775808 ～9223372036854775807	Dim lngMyLong As Long lngMyLong=13145201314520
单精度型	Single	负数：－3.402823E38～ －1.401298E－45 正数：1.401298E－45～3.402823E38	Dim sngMyNum As Single sngMyNum=5.201314
双精度型	Double	负数：－1.79869313486232E308～ －4.94065645841247E－324 正数：4.94065645841247E－324～ 1.79869313486232E308	Dim dblMycash as Double dblMycash=5.20 E128
小数	Decimal	当小数位为 0 的时候， 为±79228162514264337593543950335 之间（含该数）； 当小数位为 28 的时候， 为±7.9228162514264337593543950335 之间 （含该数）	Dim decCalc As Decimal decCalc=0.0000005201314

（2）字符数据类型有 2 个，见表 10－3。

表 10－3　字符数据类型

数据类型	表示方式	说明	举例
字符串型	String	用于存放任何形式的字符串， 包括一个字符或者多行字符	Dim strName As String strName="尼古拉斯·凯奇"
字符型	Char	用于存放一个字符，它以 0～65535 之间 数字的形式存储	Dim chrA As Char chrA="A"

注意：对于 String 数据类型，可以存放任何形式的字符串，它可以是纯粹的文本，也可以是文本和数字的组合或者是数字、日期等。例如："This is a book." 和 "12345" 都是字符串。对于字符串类型的数据，可以进行相关的字符串操作，例如连接、截断等。

对于 Char 数据类型，可以存储的只是一个字符，但是，这个字符的存储编码必需是一个数字。虽然 Char 数据类型是以无符号的数值形式存储的，但是不能直接在 Char 数据类型和数值数据类型之间进行转换。Char 数据类型是单个 Unicode 字符，以 16 位无符号数值形式存储，即一个 Unicode 字符用 2 个字节存储。

（3）其他数据类型。

其他数据类型有 Date 数据类型、Boolean 数据类型和 Object 数据类型，见表 10－4。

表 10−4　其他数据类型

数据类型	表示方式	说明	举例
日期型	Date	必须用 mm/dd/yyyy 的格式表示，也可以存储时间（可以存储 00:00:00～23:59:59 之间的任何时间）	Dim datYstd As Date datYstd=#02/22/2220# Dim datSj As Date datSj=#15:36:30#
布尔型	Boolean	取值为 True 和 False	Dim blnYes As Boolean blnYes=False
对象型	Object		

在 VB. NET 中，对于 Boolean 数据类型，当需要把其值转换为数值数据类型的值时，会把 True 当作 1 来处理，把 False 当作 0 来处理；当需要把数值数据类型的值转换为 Boolean 数据类型的值时，会把 0 转换为 False，而把其他的非 0 数值转换为 True。

10.2.1.2　运算符和表达式

在 VB. NET 中常用的运算符有算术运算符、串联运算符、比较运算符、逻辑运算符和位运算符、赋值运算符。

（1）算术运算符。

VB. NET 中的算术运算符有+（加）、−（减）、*（乘）、/（除）、\（整数除）、Mod（取模）和^（幂），见表 10−5。其中需要解释的是“/”（除）和“\”（整数除）的区别。“/”（除）表示的是通常意义的除法，例如，(3.6/3）的结果是 1.2，而“\”（整数除）表示把除数和被除数四舍五入以后再计算除法得到的整数结果，所以在计算（3.6\3）时，把 3.6 四舍五入为 1，再进行运算，得到的整数结果是 1，再例如，计算（11/3）的结果为 3.6666666666666665，（11\3）的结果为 3。

表 10−5　算术运算符

运算符	功能	优先级
^	指数	1
−	取负	2
*	乘	3
/	除（可以保留小数）	
\	整除	4
Mod	求余数	5
+	加	6
−	减	

可以使用“+”运算符将表达式中的两个值加在一起，或者使用“−”运算符从一个值中减去另一个值，例如：

```
Dim x As Integer
x=67+34
x=32-12
```

求反也使用“-”运算符，但只带一个操作数，例如：

```
Dim x As Integer=65
Dim y As Integer
y=-x
```

乘法和除法分别使用“*”运算符和“/”运算符，例如：

```
Dim y As Double
y=45*55.23
y=32/23
```

求幂使用“^”运算符，例如：

```
Dim z As Double
z=23^3
'执行结果是z=12167
```

使用“\”运算符执行整除。整除会返回商数，它是一个整数，表示在不考虑有余数的情况下，除数可以除被除数的次数。对此运算符来说，除数和被除数必须为整型（SByte、Byte、Short、UShort、Integer、UInteger、Long 和 ULong）。所有其他类型都必须首先转换为整型。下面的示例演示了如何进行整除：

```
Dim k As Integer
k=23\5
'执行结果是k=4
```

使用“Mod”运算符执行取模运算。此运算符将两个数字相除并且仅返回余数。如果除数和被除数都是整型，则返回值是整数。如果除数和被除数都是浮点型，则返回值也是浮点型。下面的示例演示了这一行为：

```
Dim x As Integer=100
Dim y As Integer=6
Dim z As Integer
z=x Mod y
'执行结果是z=4
Dim a As Double=100.3
Dim b As Double=4.13
Dim c As Double
c=a Mod b
'执行结果是c=1.18
```

(2) 串联运算符。

串联运算符将多个字符串联为一个字符串。有两种串联运算符：“+”和“&”。这两种串联运算符都执行基本的串联运算，例如：

Dim x As String="Con"&"caten"&"ation"

Dim y As String="Con"+"caten"+"ation"

'执行结果 x 和 y 都是"Concatenation".

这两种运算符还可以串联 String 变量，例如：

Dim a As String="abc"

Dim d As String="def"

Dim z As String=a & d

Dim w As String=a+d

'执行结果 z 和 w 都是"abcdef".

两种串联运算符之间的区别：

“+”运算符的主要用途是将两个数字相加。不过，它还可以将数值操作数与字符串操作数串联起来。“+”操作数具有一套复杂的规则，用来确定是相加、串联、指示编译器错误还是引发运行时的 InvalidCastException 异常。

“&”运算符仅定义用于 String 操作数，而且无论 Option Strict 的设置是什么，都会将其操作数扩展到 String。对于字符串串联操作，建议使用“&”运算符，原因是它专门定义用于字符串，可以降低产生意外转换的可能性。

(3) 比较运算符。

比较运算符比较两个表达式，并返回表示两个值之间关系的 Boolean 值。有用于比较数值的运算符、用于比较字符串的运算符（包括用于比较对象的运算符）。下面讨论所有这三种类型的运算符。

①比较数值。

VB. NET 使用六个比较数值运算符比较数值。每个运算符以两个表达式作为操作数，这两个表达式的计算结果均为数值。表 10−6 列出了比较数值运算符及其示例。

表 10−6　比较数值运算符

运算符	测试的条件	举例
=（相等）	第一个表达式的值与第二个表达式的值是否相等	23=33'False 23=23'True 23=12'False
<>（不等）	第一个表达式的值与第二个表达式的值是否不等	23<>33'True 23<>23'False 23<>12'True
<（小于）	第一个表达式的值是否比第二个表达式的值小	23< 33'True 23< 23'False 23< 12'False
>（大于）	第一个表达式的值是否比第二个表达式的值大	23>33'False 23>23'False 23>12'True

续表10－6

运算符	测试的条件	举例
<=（小于或等于）	第一个表达式的值是否小于或等于第二个表达式的值	23<=33 True 23<=23 True 23<=12 False
>=（大于或等于）	第一个表达式的值是否大于或等于第二个表达式的值	23>=33 False 23>=23 True 23>=12 True

②比较字符串。

VB. NET 使用 Like 运算符和数值比较运算符比较字符串。使用 Like 运算符可指定模式，之后，就能将字符串与指定的模式进行比较，如果匹配，结果为 True；否则，结果为 False。数值比较运算符使用户得以根据 String 值的排列顺序对它们进行比较，例如：

"73"<"9"

'执行结果是 True.

上例中的结果为 True，因为第一个字符串中的第一个字符的排序位于第二个字符串中的第一个字符之前。如果第一个字符相等，将继续比较两个字符串中的下一个字符，依此类推。也可以使用相等运算符测试字符串是否相等，例如：

"734"="734"

'执行结果是 True.

如果一个字符串是另一个字符串的前缀，如“aa”和“aaa”，则认为较长的字符串大于较短的字符串，例如：

"aaa">"aa"

'执行结果是 True.

排序顺序基于二进制比较或文本比较，具体取决于 Option Compare 的设置。

（4）逻辑运算符和位运算符。

逻辑运算符比较 Boolean 表达式，并返回 Boolean 结果。And、Or、AndAlso、OrElse、Xor 运算符是二元运算符，原因是它们接受两个操作数，而 Not 运算符是一元运算符，原因是它只接受一个操作数。上述的某些运算符也可对整数值执行按位逻辑运算。

①一元逻辑运算符。

Not 运算符对 Boolean 表达式执行逻辑求反。它生成其操作数的逻辑相反值。如果表达式的计算结果为 True，则 Not 返回 False；如果表达式的计算结果为 False，则 Not 返回 True。例如：

Dim x, y As Boolean

x=Not 23>14

y=Not 23>67

'运算结果 x=False，y=True.

②二元逻辑运算符。

And 运算符对两个 Boolean 表达式执行逻辑合取。如果两个表达式的计算结果均为 True，则 And 返回 True。如果其中至少一个表达式的计算结果为 False，则 And 返回 False。

Or 运算符对两个 Boolean 表达式执行逻辑析取或包含。如果任意一个表达式的计算结果为 True，或两个表达式的计算结果均为 True，则 Or 返回 True。如果两个表达式的计算结果都不是 True，则 Or 返回 False。

Xor 运算符对两个 Boolean 表达式执行逻辑互斥。如果恰好只有一个表达式的计算结果为 True（而不是两个都是），Xor 返回 True。如果两个表达式的计算结果都是 True，或两者的计算结果都是 False，Xor 将返回 False。

下面的示例演示了 And、Or、Xor 运算符：

```
Dim a, b, c, d, e, f, g As Boolean
a=23>14And 11>8
b=14>23And 11>8
'运算结果 a=True, b=False.
c=23>14Or 8>11
d=23>67Or 8>11
'运算结果 c=True, d=False.
e=23>67Xor 11>8
f=23>14Xor 11>8
g=14>23Xor 8>11
'运算结果 e=True, f=False, g=False.
```

③短路逻辑运算。

AndAlso 运算符与 And 运算符非常类似，因为它也对两个 Boolean 表达式执行逻辑合取。两者之间的主要差异是 AndAlso 表现出短路行为。如果 AndAlso 表达式中第一个表达式的计算结果为 False，则不会计算第二个表达式的值，因为它不会改变最终结果，AndAlso 将返回 False。

同样，OrElse 运算符对两个 Boolean 表达式执行短路逻辑或。如果 OrElse 表达式中第一个表达式的计算结果为 True，则不会计算第二个表达式的值，因为它不会改变最终结果，OrElse 将返回 True。

④短路平衡。

通过不计算无法改变逻辑运算结果的表达式，短路可以提高性能。但是，如果该表达式执行附加操作，短路将会跳过这些操作。例如，如果表达式包括对 Function 过程的调用，那么，如果表达式已短路，则不会调用该过程，并且 Function 中包含的任何附加代码都不会运行。因此，该功能可能只会偶尔运行，并且可能无法正确测试它。或者，程序逻辑可能取决于 Function 中的代码。

下面的示例演示了 And、Or 与其短路副本之间的差异：

```
Dim amount As Integer=12
```

```
Dim highestAllowed As Integer=45
Dim grandTotal As Integer

If amount>highestAllowed And checkIfValid(amount)Then
    'The preceding statement calls checkIfValid().
End If
If amount>highestAllowed AndAlso checkIfValid(amount)Then
    'The preceding statement does not call checkIfValid().
End If
If amount<highestAllowed Or checkIfValid(amount)Then
    'The preceding statement calls checkIfValid().
End If
If amount<highestAllowed OrElse checkIfValid(amount)Then
    'The preceding statement does not call checkIfValid().
End If

Function checkIfValid(ByVal checkValue As Integer)As Boolean
    If checkValue>15 Then
        MsgBox(CStr(checkValue)& " is not a valid value.")
        'The MsgBox warning is not displayed if the call to
        'checkIfValid()is part of a short-circuited expression.
        Return False
    Else
        grandTotal+=checkValue
        'The grandTotal value is not updated if the call to
        'checkIfValid()is part of a short-circuited expression.
        Return True
    End If
End Function
```

注意，上面的实例在调用短路时，checkIfValid()内部的某些重要代码将不会运行。即使 12>45 返回 False，第一个 If 语句也会调用 checkIfValid()，因为 And 不会短路。第二个 If 语句不会调用 checkIfValid()，因为当 12>45 返回 False 时，AndAlso 将会使第二个表达式短路。即使 12<45 返回 True，第三个 If 语句也会调用 checkIfValid()，因为 Or 不会短路。第四个 If 语句不会调用 checkIfValid()，因为当 12<45 返回 True 时，OrElse 将会使第二个表达式短路。

⑤按位运算。

按位运算采用二进制形式计算两个整数值。它们比较对应位置上的位，然后基于比较的结果赋值。下面的示例演示了 And 运算符：

```
Dim x As Integer
x=3 And 5
```

前面的示例将 x 的值设置为 1。发生这种情况的原因如下所述。

这些值以二进制形式进行处理：二进制格式的 3 为 011；二进制格式的 5 为 101。

And 运算符比较这些二进制表示方式，一次比较一个二进制位置（位）。如果给定位置的两个位都为 1，则将 1 放在结果中的该位置。如果任何一个位是 0，则将 0 放在结果中的该位置。在前面的示例中，按如下所示计算结果：

011（二进制格式的 3）

101（二进制格式的 5）

001（二进制格式的计算结果）

计算结果以十进制形式处理。值 001 是 1 的二进制表示形式，因此 x=1。

除了在任何一个比较位是 1 或两个比较位都是 1 的情况下将 1 赋予结果位，按位 Or 运算与此类似。Xor 在比较位正好只有一个是 1（而不是两者都是 1）时将 1 赋给结果位。Not 采用单个操作数并反转所有位（包括符号位），然后将该值赋予结果。这意味着，对于有符号正数，Not 始终返回负值，而对于负数，Not 始终返回正值或零。

AndAlso 和 OrElse 运算符不支持按位运算。

注意：只能对整型执行按位运算。浮点值必须转换为整型后，才能执行按位运算。

（5）赋值运算符。

VB. Net 支持表 10−7 所列赋值运算符。

表 10−7　赋值运算符

运算符	描述	说明
=	简单赋值操作符，将右侧操作数的值赋给左侧操作数	C=A+B 将把 A+B 的值赋值给 C
+=	添加和赋值操作符，将右操作数添加到左操作数，并将结果赋给左操作数	C+=A 等效于 C=C+A
−=	减去和赋值运算符，从左操作数中减去右操作数，并将结果赋给左操作数	C −=A 等效于 C=C−A
*=	乘法和赋值运算符，将右操作数与左操作数相乘，并将结果赋给左操作数	C*=A 等效于 C=C*A
/=	除法和赋值运算符，将左操作数和右操作数分开，赋值给左操作数（浮点除法）	C/=A 等效于 C=C/A
\=	除法和赋值运算符，用左操作数除以右操作数，并将结果赋给左操作数（整数除法）	C\=A 等效于 C=C\A
^=	指数运算和赋值运算符，用左操作数指定右操作数指数的幂值，并将结果赋给左操作数	C^=A 等效于 C=C^A
<<=	左移和赋值运算符	C<<=2 等效于 C=C<<2

续表10-7

运算符	描述	说明
>>=	右移和赋值运算符	C>>=2 等效于 C=C>>2
&=	将一个字符串（String）表达式连接到一个字符串（String）变量或属性，并将结果赋给变量或属性	Str1 &=Str2 等效于 Str1=Str1 & Str2

下面举例说明 VB. NET 中的所有赋值运算符（文件：Program. vb）：

```
Module Program
    Sub Main(args As String())
        Dim a As Integer=10
        Dim pow As Integer=2
        Dim str1 As String="Hello!"
        Dim str2 As String="VB. NET Programmers"
        Dim c As Integer
        c=a
        Console. WriteLine("Line 1-=Operator Example, Value of c={0}", c)
        c+=a
        Console. WriteLine("Line 2-+=Operator Example, Value of c={0}", c)
        c-=a
        Console. WriteLine("Line 3--=Operator Example, Value of c={0}", c)
        c *=a
        Console. WriteLine("Line 4- * =Operator Example, Value of c={0}", c)
        c/=a
        Console. WriteLine("Line 5-/=Operator Example, Value of c={0}", c)
        c=20
        c^=pow
        Console. WriteLine("Line 6-^=Operator Example, Value of c={0}", c)
        c<<=2
        Console. WriteLine("Line 7-<<=Operator Example, Value of c={0}", c)
        c>>=2
        Console. WriteLine("Line 8->>=Operator Example, Value of c={0}", c)
        str1 &=str2
        Console. WriteLine("Line 9-&=Operator Example, Value of str1={0}", str1)
        Console. ReadLine()
    End Sub
End Module
```

Ctrl+F5 执行上面示例代码，得到以下结果：

Line 1-=Operator Example, Value of c=10

Line 2-+=Operator Example, Value of c=20

Line 3--=Operator Example, Value of c=10

Line 4- * =Operator Example, Value of c=100

Line 5-/=Operator Example, Value of c=10

Line 6-^=Operator Example, Value of c=400

Line 7-<<=Operator Example, Value of c=1600

Line 8->>=Operator Example, Value of c=400

Line 9-&=Operator Example, Value of str1=Hello! VB. NET

10.2.1.3　常量

常量是有意义的名称，替代不变的数字或字符串。VB. NET 包含许多预定义的常量，主要用于打印和显示。还可以使用 Const 语句，按照与创建变量名称相同的规则创建自己的常量。如果 Option Strict 为 On，则必须显式声明常量类型。

常量的范围（指在无须限定常量名称的情况下便可以引用该常量的所有代码的集合）与在同一位置声明的变量相同。要创建一个存在于特定过程范围内的常量，须在该过程内声明它。要创建一个在整个应用程序中都可用的常量，应在类的声明部分使用 Public 关键字声明它。

虽然常量在某些方面与变量相似，但不能像处理变量一样修改它们或向它们赋新值。

（1）声明常量。

声明常量是指使用 Const 语句声明常量并设置它的值。通过声明常量，可为一个值分配一个有意义的名称。声明常量后，就不能修改它或为它分配新值。

可以在过程内或在模块、类或结构的声明部分中声明常量。默认情况下，类或结构级别常量为 Private，但是为获得适当的代码访问级别，也可以将它们声明为 Public、Friend、Protected 或 Protected Friend。

常量必须具有一个有效的符号名称和一个由数值或字符串常量及运算符（但不包括函数调用）构成的表达式，其中符号名称的命名规则与变量命名规则相同。

①声明常量。

编写包括一个访问说明符、一个 Const 关键字和一个表达式的声明，例如：

```
Public Const DaysInYear=365
Private Const WorkDays=250
```

②声明具有显式数据类型的常量。

编写一个包括 As 关键字和显式数据类型的声明，例如：

```
Public Const MyInteger As Integer=42
Private Const DaysInWeek As Short=7
Protected Friend Const Funday As String="Sunday"
```

可以在一行中声明多个常量，但是，如果每一行只声明一个常量，代码会更具可读性。如果在一行中声明多个常量，则这些常量必须具有相同的访问级别（Public、Private、Friend、Protected 或 Protected Friend）。

③在一行中声明多个常量。

用一个逗号和一个空格分隔声明，例如：

Public Const Four As Integer=4, Five As Integer=5, Six As Integer=44

10.2.1.4　数组

数组是一组逻辑上相互关联的值，例如初级学校每个年级的学生数。

通过使用数组，可以同一名称来引用这些相关的值，并使用一个称为"索引"或"下标"的数字来区分这些值。每个值称为数组的"元素"。这些值是连续的，从索引 0 一直到最大索引值。

与数组相反，包含单个值的变量称为标量变量。

（1）简单数组中的数组元素。

下面的示例声明了一个数组变量来存储初级学校每个年级的学生数：

Dim students(6) As Integer

这一示例中的数组 students 包含 7 个元素。元素的索引范围为从 0 到 6。此数组比声明 7 个变量更简单。

图 10-1 显示了数组 students 的元素。对于数组的每个元素：

①元素索引表示年级（索引 0 表示幼儿园）。

②包含在元素中的值表示该年级的学生数。

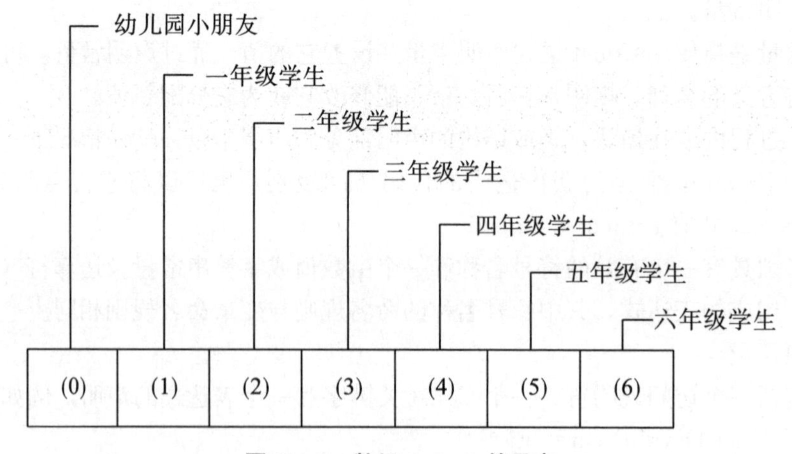

图 10-1　数组 students 的元素

下面的示例演示了如何引用数组 students 的第一个、第二个和最后一个元素：

```
Dim kindergarten As Integer=students(0)
Dim firstGrade As Integer=students(1)
Dim sixthGrade As Integer=students(6)
MsgBox("Students in kindergarten=" & CStr(kindergarten))
MsgBox("Students in first grade=" & CStr(firstGrade))
```

MsgBox("Students in sixth grade=" & CStr(sixthGrade))

可以只通过使用数组变量名（没有索引），将数组作为一个整体引用。

前面示例中的数组 students 使用一个索引，因此称为一维数组。使用多个索引或下标的数组称为多维数组。

（2）创建数组。

可以使用几种方法来定义数组大小。可以在声明数组时提供大小，例如：

```
Dim cargoWeights(10)As Double
Dim atmospherePressures(2,2,4,10)As Short
Dim inquiriesByYearMonthDay(20)()()As Byte
```

也可以在创建数组时使用 New 子句提供其大小，例如：

```
cargoWeights=New Double(10){}
atmospherePressures=New Short(2,2,4,10){}
inquiriesByYearMonthDay=New Byte(20)()(){}
```

对于现有的数组，可以使用 Redim 语句重新定义其大小。可以指定 Redim 语句保留存储在数组中的值，或者指定它创建新的空数组。下面的示例演示了使用 Redim 语句修改现有数组的大小的不同方式：

```
'声明一个新的数组大小并且保留当前元素值.
ReDim Preserve cargoWeights(20)
'声明一个新的数组大小并且保留前 5 个元素值.
ReDim Preserve cargoWeights(4)
'声明一个新的数组大小并且丢弃所有现有元素值.
ReDim cargoWeights(15)
```

（3）声明数组。

使用 Dim 语句声明数组变量的方法与声明任何其他变量的方法一样。在类型或变量名后面加上一对或多对圆括号，即指示该类型或变量将存储数组而不是标量（包含单个值的变量）。

声明数组后，可以使用 ReDim 语句来定义数组的大小。

以下示例通过在类型后添加一对圆括号来声明一维数组变量。该示例还通过使用 ReDim 语句指定数组的维数：

```
'声明一个一维数组
Dim cargoWeights As Double()
'指定数组维数
ReDim cargoWeights(15)
```

以下示例通过在类型后面添加一对圆括号，并将圆括号内的各维度之间用逗号分隔，来声明多维数组变量。该示例还通过使用 ReDim 语句指定数组的维数：

```
'声明一个多维数组
Dim atmospherePressures As Short(,,,)
'指定数组位数
```

```
ReDim atmospherePressures(1,2,3,4)
```

若要声明交错数组变量，请在变量名后面为每个嵌套数组级添加圆括号对。例如：

```
Dim inquiriesByYearMonthDay()()()As Byte
```

前面的示例只声明了数组变量，但没有为它们分配数组。仍必须创建数组，对该数组进行初始化，并将它分配给变量。

（4）在数组中存储值。

使用 Integer 类型的索引，可以访问数组中的每个位置。通过使用括在圆括号内的索引来引用每个数组位置，可以在数组中存储和检索值。多维数组的索引由逗号（,）分隔。需要数组的每一维的索引。下面的示例是一些在数组中存储值的语句：

```
Dim i=4
Dim j=2
Dim numbers(10)As Integer
Dim matrix(5,5)As Double
numbers(i+1)=0
matrix(3,j*2)=j
```

下面的示例演示了一些从数组中获取值的语句：

```
Dim v=2
Dim i=1
Dim j=1
Dim k=1
Dim wTotal As Double=0.0
Dim sortedValues(5),rawValues(5),estimates(2,2,2)As Double
Dim lowestValue=sortedValues(0)
wTotal+=(rawValues(v)^2)
Dim firstGuess=estimates(i,j,k)
```

（5）用初始值填充数组。

使用数组文本，可以创建包含一组初始值的数组。数组文本由括在大括号（{}）内的一组逗号分隔值组成。

使用数组文本创建数组时，可以提供数组类型或使用类型推理确定数组类型。以下代码演示了这两种方法：

```
Dim numbers=New Integer(){1,2,4,8}
Dim doubles={1.5,2,9.9,18}
```

在使用数组文本创建的数组中，可以显式指定元素的类型。在这种情况下，数组文本中的值必须扩大到数组的元素类型。下面的代码示例从整数列表创建了一个 Double 类型的数组：

```
Dim values As Double()={1,2,3,4,5,6}
```

（6）嵌套的数组文本。

使用嵌套的数组文本，可以创建多维数组。嵌套的数组文本必须具有与所得数组一致的维度和维数（或“秩”）。下面的代码示例使用数组文本创建了一个二维整数数组：

```
Dim grid={{1,2},{3,4}}
```

上例中，如果元素数与嵌套的数组文本不匹配，则会出现错误。

通过将内部数组文本括在圆括号内，在提供不同维度的数组文本时可以避免错误。圆括号强制计算数组文本表达式，并将结果值用于外部数组文本，例如：

```
Dim values={({1,2}),({3,4,5})}
```

使用嵌套的数组文本创建多维数组时，可以使用类型推理。使用类型推理时，推断出的类型是某嵌套级别的所有数组文本中所有值的主导类型。下面的代码演示了从 Integer 和 Double 类型的值创建一个 Double 类型的二维数组：

```
Dim a={{1,2.0},{3,4},{5,6},{7,8}}
```

（7）通过数组迭代。

当传递数组重复，则访问数组中的每个元素从最低的索引到最高的索引。

以下示例通过使用 For…Next 语句重复一维数组。GetUpperBound 方法返回索引可具有的最大值。最小索引值始终为 0。例如：

```
Dim numbers={10,20,30}
For index=0 To numbers.GetUpperBound(0)
    Debug.WriteLine(numbers(index))
Next
'Output:
'  10
'  20
'  30
```

以下示例通过使用 For…Next 语句重复多维数组。GetUpperBound 方法具有指定维度的参数。GetUpperBound（0）返回第一个维的较大索引值，而 GetUpperBound（1）返回第二个维的较大索引值：

```
Dim numbers={{1,2},{3,4},{5,6}}
For index0=0 To numbers.GetUpperBound(0)
    For index1=0 To numbers.GetUpperBound(1)
        Debug.Write(numbers(index0,index1).ToString &" ")
    Next
    Debug.WriteLine(" ")
Next
'Output
'  1 2
'  3 4
'  5 6
```

以下示例通过使用 For Each…Next 语句（Visual Basic）重复一维数组：

```
Dim numbers={10,20,30}
```

```
For Each number In numbers
    Debug.WriteLine(number)
Next
'Output:
' 10
' 20
' 30
```

以下示例通过使用 For Each…Next 语句重复多维数组。但是，如前面的示例所示，如果使用嵌套的 For…Next 语句，而非 For Each…Next 语句，将更易控制多维数组的元素：

```
Dim numbers={{1,2},{3,4},{5,6}}
For Each number In numbers
    Debug.WriteLine(number)
Next
'Output:
' 1
' 2
' 3
' 4
' 5
' 6
```

(8) 作为返回值和参数的数组。

若要从 Function 过程返回数组，则指定数组数据类型和维度数作为 Function 语句的返回类型。在函数中，声明一个具有相同类型和维的数量的局部数组变量。在 Return 语句中，包含不带括号的本地数组变量。

若要将某个数组指定为一个 Sub 或 Function 过程的参数，则将该参数定义为带有指定数据类型和维数的数组。在对过程的调用中，发送数据类型和维数相同的数组变量。

在下面的示例中，GetNumbers 函数返回一个 Integer()。此数组类型是一维数组类型 Integer。ShowNumbers 程序接受 Integer()参数：

```
Public Sub Process()
    Dim numbers As Integer()=GetNumbers()
    ShowNumbers(numbers)
End Sub

Private Function GetNumbers()As Integer()
    Dim numbers As Integer()={10,20,30}
    Return numbers
End Function
```

```
Private Sub ShowNumbers(numbers As Integer())
    For index=0 To numbers.GetUpperBound(0)
        Debug.WriteLine(numbers(index)&" ")
    Next
End Sub

'Output:
'  10
'  20
'  30
```

在下面的示例中，GetNumbersMultiDim 函数返回一个 Integer(,)。此数组类型是二维数组类型 Integer。ShowNumbersMultiDim 程序接受 Integer(,)参数：

```
Public Sub ProcessMultidim()
    Dim numbers As Integer(,)=GetNumbersMultidim()
    ShowNumbersMultidim(numbers)
End Sub

Private Function GetNumbersMultidim()As Integer(,)
    Dim numbers As Integer(,)={{1,2},{3,4},{5,6}}
    Return numbers
End Function

Private Sub ShowNumbersMultidim(numbers As Integer(,))
    For index0=0 To numbers.GetUpperBound(0)
        For index1=0 To numbers.GetUpperBound(1)
            Debug.Write(numbers(index0,index1).ToString &" ")
        Next
        Debug.WriteLine(" ")
    Next
End Sub

'Output
'  1 2
'  3 4
'  5 6
```

(9) 数组的大小。

数组的大小是数组的所有维度的长度乘积。它表示数组中当前包含的元素的总数。

下面的示例声明了一个三维数组：

Dim prices(3,4,5)As Long

变量 prices 中数组的总大小是 (3+1)×(4+1)×(5+1)=120。

使用 Length 属性，可以查找数组的大小。使用 GetLength 法，可以查找多维数组中每个维度的长度。

通过为数组变量分配新的数组对象，或者通过使用 ReDim 语句，可以调整数组变量的大小。

10.2.1.5 循环结构

VB. NET 循环结构允许重复运行一行或多行代码。可以用循环结构重复执行语句，直到条件为 True、False 或者执行了指定的次数，或者为集合中的每个元素各执行一次语句。

图 10－2 显示了一个循环结构，该循环结构运行一组语句直到条件变为 True。

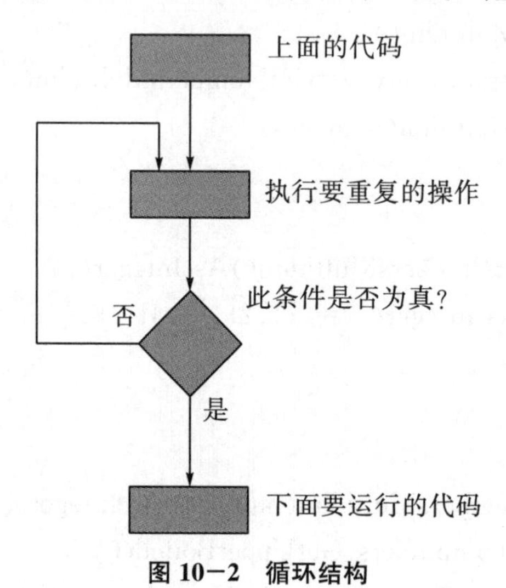

图 10－2　循环结构

(1) While 循环。

只要 While 语句中指定的条件为 True，While…End While 构造就会运行一组语句。例如：

```
While condition
    [statements]
    [Continue While]
    [statements]
    [Exit While]
    [statements]
End While
```

While 循环语法说明见表 10－8。

表 10－8　While 循环语法说明

关键字	说明
condition	必需。Boolean 表达式。如果 condition 为 Nothing，Visual Basic 会将其视为 False
statements	可选。跟在 While 后面的一个或多个语句，这些语句将在每次 condition 为 True 时运行
Continue While	可选。为 While 的下一次迭代传输控件块
Exit While	可选。将控制权传送到 While 块外部
End While	必需。结束 While 块的定义

如果要重复一组语句无限次数，则使用 While…End While 结构，只要条件一直为 True 就会一直重复。如果想要更灵活地选择在何处测试条件以及针对什么结果进行测试，则推荐使用 Do…Loop 语句。如果想要重复语句一定次数，则 For…Next 语句通常是较好的选择。

在下面的示例中，循环中的语句继续运行，直到 index 变量大于 10：

```
Dim index As Integer=0
While index<=10
    Debug. Write (index. ToString &" ")
    index+=1
End While

Debug. WriteLine (" ")
'Output：0 1 2 3 4 5 6 7 8 9 10
```

下面的示例阐释了 Continue While and Exit While 语句的用法：

```
Dim index As Integer=0
While index<100000
    index+=1

    'If index is between 5 and 7, continue
    'with the next iteration.
    If index>=5 And index<=8 Then
        Continue While
    End If

    'Display the index.
    Debug. Write(index. ToString &" ")

    'If index is 10, exit the loop.
    If index=10 Then
```

```
        Exit While
    End If
End While

Debug.WriteLine(" ")
'Output:1 2 3 4 9 10
```

(2) Do 循环。

Do…Loop 构造允许在循环结构的开始或结尾对条件进行测试。还可以指定在条件保持为 True 或直到条件变为 True 时是否重复循环。例如：

```
Do {While | Until} condition
    [statements]
    [Continue Do]
    [statements]
    [Exit Do]
    [statements]
Loop
```

或者

```
Do
    [statements]
    [Continue Do]
    [statements]
    [Exit Do]
    [statements]
Loop {While | Until} condition
```

Do 循环语法说明见表 10－9。

表 10－9　Do 循环语法说明

关键字	说明
Do	必需。开始 Do 循环的定义
While	必选项（除非使用了 Until）。重复执行循环，直到 condition 为 False
Until	必选项（除非使用了 While）。重复执行循环，直到 condition 为 True
condition	可选。Boolean 表达式。如果 condition 为 Nothing，Visual Basic 会将其视为 False
statements	可选。一条或多条语句，它们在 condition 为 True 时或变为 True 之前重复执行
Continue Do	可选。为 Do 循环的下一次迭代传输控件
Exit Do	可选。将控制传送到 Do 循环外
Loop	必需。终止 Do 循环的定义

如果想重复执行一组语句不定的次数，直到满足了某个条件为止，可以使用 Do…

Loop 结构。如果想重复执行语句既定的次数，则 For…Next 语句通常是更好的选择。

可以使用 While 或 Until 来指定 condition，但不能同时使用两个。

只能在循环的开头或结尾测试一次 condition。如果在循环的开头（在 Do 语句中）测试 condition，则循环可能不会运行。如果在循环的结尾（在 Loop 语句中）进行测试，则循环总会至少运行一次。

条件通常通过两个值的比较得到，但也可以是任何计算为 Boolean 数据类型值（True 或 False）的表达式。这包括已转换为 Boolean 的其他数据类型（如数字数据类型）的值。

可以将一个循环放在另一个循环内以嵌套 Do 循环。还可以嵌套彼此内部结构不同的控制结构类型。

Do…Loop 结构在灵活性上比 While…End While 语句更强，这是因为它可让代码在 condition 停止为 True 或初次变为 True 时决定是否结束循环。它还可让代码在循环的开头或结尾测试 condition。

Exit Do 语句可以提供退出 Do…Loop 的备选方式。Exit Do 将控制立即转移到 Loop 语句后面的语句。

Exit Do 通常在计算特定条件后使用，例如在 If…Then…Else 结构中。如果检测到使继续迭代不必要或不可能的条件（如错误值或终止请求），则可能需要退出循环。Exit Do 的一种用途是测试能够导致无限循环（即运行次数多甚至无限的循环）的条件。可以使用 Exit Do 来退出循环。

可以在 Do…Loop 的循环体内包括任意数量的 Exit Do 语句。

当在嵌套的 Do 循环内使用时，Exit Do 会将控制权转移出最内层的循环，并交给下一层级别较高的嵌套。

在下面的示例中，循环中的语句继续运行，直到 index 变量大于 10。Until 子句在循环的末尾：

```
Dim index As Integer=0
Do
    Debug.Write(index.ToString &" ")
    index+=1
Loop Until index>10
Debug.WriteLine(" ")
'Output:0 1 2 3 4 5 6 7 8 9 10
```

下面的示例使用了 While 子句，而不是 Until 子句，并在循环开始处（而非结束处）测试 condition：

```
Dim index As Integer=0
Do While index<=10
    Debug.Write(index.ToString &" ")
    index+=1
Loop
Debug.WriteLine(" ")
```

```
'Output:0 1 2 3 4 5 6 7 8 9 10
```

在下面的示例中，当 index 变量大于 100 时，condition 将停止循环。但是，循环中的 If 语句在索引变量大于 10 时将导致 Exit Do 语句停止循环：

```
Dim index As Integer=0
Do While index <=100
    If index > 10 Then
        Exit Do
    End If
    Debug. Write(index. ToString &" ")
    index +=1
Loop
Debug. WriteLine(" ")
'Output:0 1 2 3 4 5 6 7 8 9 10
```

(3) For 循环。

For…Next 构造按设置好的次数执行循环。它使用循环控制变量（也称为计数器）跟踪重复。可以指定此计数器的起始值和终止值，并可以选择指定计数器从一个重复到下一个重复递增的数量。例如：

```
For counter [As datatype]=start To end [Step step]
    [statements]
    [Continue For]
    [statements]
    [Exit For]
    [statements]
Next [counter]
```

For 循环语法说明见表 10-10。

表 10-10　For 循环语法说明

关键字	说明
counter	For 语句的必选项。数值变量。是循环的控制变量
datatype	可选。counter 的数据类型
start	必需。数值表达式。counter 的初始值
end	必需。数值表达式。counter 的最终值
step	可选。数值表达式。每次循环后 counter 的增量
statements	可选。放在 For 和 Next 之间的一条或多条语句，它们将运行指定的次数
Continue For	可选。将控制权交给下一轮循环迭代
Exit For	可选。将控制转移到 For 循环外
Next	必需。结束 For 循环的定义

在下面的示例中，index 变量的值从 1 开始递增，每循环一次递增 1，当 index 达到 5 时退出循环：

```
For index As Integer=1 To 5
    Debug. Write(index. ToString & " ")
Next
Debug. WriteLine(" ")
'Output:1 2 3 4 5
```

在下面的示例中，number 变量从 2 开始，在每次循环迭代增加−0.25（即为减少 0.25），在 number 达到 0 后退出循环：

```
For number As Double=2 To 0 Step −0.25
    Debug. Write(number. ToString &" ")
Next
Debug. WriteLine(" ")
'Output:2 1.75 1.5 1.25 1 0.75 0.5 0.25 0
```

While…End While 语句或 Do…Loop 语句适用于事先不知道要运行多少次的循环中。但是，如果希望让循环运行特定次数，则 For…Next 是较好的选择。需要在第一次输入循环时确定迭代次数。

①嵌套循环。

可以将一个循环放在另一个循环内以嵌套 For 循环。下面的示例演示了具有不同步长值的 For…Next 嵌套结构。外部循环为每次循环迭代创建一个字符串。内部循环减小每次循环迭代的循环计数器变量。例如：

```
For indexA=1 To 3
    '创建一个新的 StringBuilder,它用来高效创建字符串
    Dim sb As New System. Text. StringBuilder()
    '从 20 到 1 每隔 3 个数字倒序排列
    For indexB=20 To 1 Step −3
        sb. Append(indexB. ToString)
        sb. Append(" ")
    Next indexB
    '打印输出
    Debug. WriteLine(sb. ToString)
Next indexA
'Output:
'  20 17 14 11 8 5 2
'  20 17 14 11 8 5 2
'  20 17 14 11 8 5 2
```

嵌套循环时，每个循环必须具有唯一的 counter 变量。

还可以将多个不同类型的控制结构进行相互嵌套。

②退出并继续。

Exit For 语句立即退出 For…Next 循环和将控件传输到遵循 Next 条语句。

Continue For 语句将控制权立即转移给下一轮循环。

下面的示例演示了 Continue For 和 Exit For 语句的用法：

```
For index As Integer=1 To 100000
    'If index is between 5 and 8,continue
    'with the next iteration.
    If index >=5 And index <=8 Then
        Continue For
    End If
    'Display the index.
    Debug.Write(index.ToString &" ")
    'If index is 10,exit the loop.
    If index=10 Then
        Exit For
    End If
Next
Debug.WriteLine(" ")
'Output:1 2 3 4 9 10
```

可以在 For…Next 循环中放置任意数量的 Exit For 语句。当在嵌套的 For…Next 循环内使用时，Exit For 将退出最内层的循环，并将控制权交给下一层较高级别的嵌套。

在计算某种情况后（例如，在 If…Then…Else 结构中），可能需要对以下条件使用 Exit For 语句：

一是不再需要继续循环或不可能继续循环：一个不正确的值或停止请求。

二是 Try…Catch…Finally 语句捕捉异常：可以在 Finally 块的末尾使用 Exit For。

三是有无限循环时，该循环可以运行甚至不用次数。如果检测到这样的情况，可以使用 Exit For 退出循环。

（4）For Each 循环。

For Each…Next 循环为集合中的每个元素重复执行一组语句。指定循环控制变量，但不必确定它的起始值或终止值。例如：

```
For Each element [As datatype] In group
    [statements]
    [Continue For]
    [statements]
    [Exit For]
    [statements]
Next [element]
```

For Each 循环语法说明见表 10－11。

表 10－11　For Each 循环语法说明

关键字	说明
element	在 For Each 语句中是必选项。在 Next 语句中是可选的。变量。用于遍历集合的元素
datatype	必需，如果 element 尚未声明。element 的数据类型
group	必需。对象集合或数组的名称。引用要重复 statements 的集合
statements	可选。For Each 和 Next 之间的一条或多条语句，这些语句在 group 中的每一项上运行
Continue For	可选。将控制传输到 For Each 循环起始处
Exit For	可选。将控制传输到 For Each 循环之外
Next	必需。终止 For Each 循环的定义

当需要为集合或数组的每个元素重复执行一组语句时，请使用 For Each…Next 循环。当可以将循环的每次迭代与控制变量相关联并可确定该变量的初始值和最终值时，For…Next 语句将非常适用。但是当处理集合时，初始值和最终值的概念是没有意义的，因此不必了解都有多少个元素集合。通常在处理集合时，For Each…Next 循环是更好的选择。

在下面的示例中，For Each…Next 语句通过列表集合了所有元素：

```
'Create a list of strings by using a
'collection initializer.
Dim lst As New List(Of String)_
    From {"abc","def","ghi"}

'Iterate through the list.
For Each item As String In lst
    Debug.Write(item &" ")
Next
Debug.WriteLine(" ")
'Output:abc def ghi
```

①嵌套的循环。

可以将一个循环放在另一个循环内以嵌套 For Each 循环。

下面的示例演示了嵌套 For Each…Next 结构：

```
'Create lists of numbers and letters
'by using array initializers.
Dim numbers() As Integer={1,4,7}
Dim letters() As String={"a","b","c"}

'Iterate through the list by using nested loops.
```

```
For Each number As Integer In numbers
    For Each letter As String In letters
        Debug.Write(number.ToString & letter & " ")
    Next
Next
Debug.WriteLine(" ")
'Output:1a 1b 1c 4a 4b 4c 7a 7b 7c
```

在嵌套循环时，每个循环必须具有唯一的 element 变量。

还可以嵌套彼此内部结构不同的控制结构类型。

②退出并继续。

退出。语句导致执行退出 For…Next 循环，并将控制转移到遵循 Next 条语句。

Continue For 语句将控制权立即转移给下一轮循环。

下面的示例演示了如何使用 Continue For 和 Exit For 语句：

```
Dim numberSeq() As Integer={1,2,3,4,5,6,7,8,9,10,11,12}
For Each number As Integer In numberSeq
    'If number is between 5 and 7,continue
    'with the next iteration.
    If number >=5 And number <=8 Then
        Continue For
    End If
    'Display the number.
    Debug.Write(number.ToString & " ")
    'If number is 10,exit the loop.
    If number=10 Then
        Exit For
    End If
Next
Debug.WriteLine(" ")
'Output:1 2 3 4 9 10
```

在 For Each 循环可以放置任意数量的 Exit For 语句。当在嵌套的 For Each 循环中使用时，Exit For 将导致退出最内层的循环并将控制转移到下一个较高级别的嵌套循环中。

通常，Exit For 用在某种条件的计算后，例如，在 If…Then…Else 结构中。可能需要对以下条件使用 Exit For：

一是不再需要继续循环或不可能继续循环。这可能是由错误的值或终止请求引起的。

二是在 Try…Catch…Finally 块中捕获了异常。可以在 Finally 块的末尾使用 Exit For。

三是这是一个无限循环，该循环可能会运行很多次甚至无限次。如果检测到这样的情况，可以使用 Exit For 退出循环。

10.2.2 Visual Basic. NET 编程实例

下面以 Visual Basic. NET 2019 为计算机辅助计算工具进行实例介绍。

使用 BWRS 状态方程求解在 101.325 kPa，300 K 下的天然气的密度。天然气组分及摩尔百分含量见表10－12。

表 10－12　天然气组分及摩尔百分含量

序号	组分	摩尔百分含量	序号	组分	摩尔百分含量
1	CH_4	97.5%	7	$n-C_5H_{12}$	0
2	C_2H_6	1.0%	8	$n-C_6H_{14}$	0
3	C_3H_8	0.5%	9	N_2	0.5%
4	$i-C_4H_{10}$	0	10	CO_2	0.5%
5	$n-C_4H_{10}$	0	11	H_2S	0
6	$i-C_5H_{12}$	0	12	O_2	0

在编写程序之前，对要编写的内容和计划实现的功能设计一个方案。本实例方案如下所述：

（1）定位：使用编程工具进行辅助计算，而非进行软件开发。应将大部分时间和精力花在专业知识的研究而非计算机编程上，任何一种工具只要能达到辅助计算的目的都可以使用，操作越简单越好。

（2）采用可视化窗体，使用 DataGridView 实现天然气组分摩尔百分含量的输入。

（3）结果输出采用 msgbox 或者文本框的形式。

下面介绍该辅助计算程序的编写流程：

新建一个项目名称为 CalcDensity 的 Windows 窗体应用（.NET Framework）项目。在窗体内拖放一个 DataGridView 和两个按钮，分别修改两个按钮的名字，如图10－3 所示。

图 10−3　界面设置

首先需要编写一个窗体加载（Form1_Load）程序，以便 DataGridView 初始化数据。

双击“输入完毕”按钮（Button1）进入代码编写区域，也可以单击窗体界面的空白处，然后选择属性窗口的闪电图标（事件），找到 Load 双击，即可进入 Form1_Load 代码编写界面（图 10−4）。

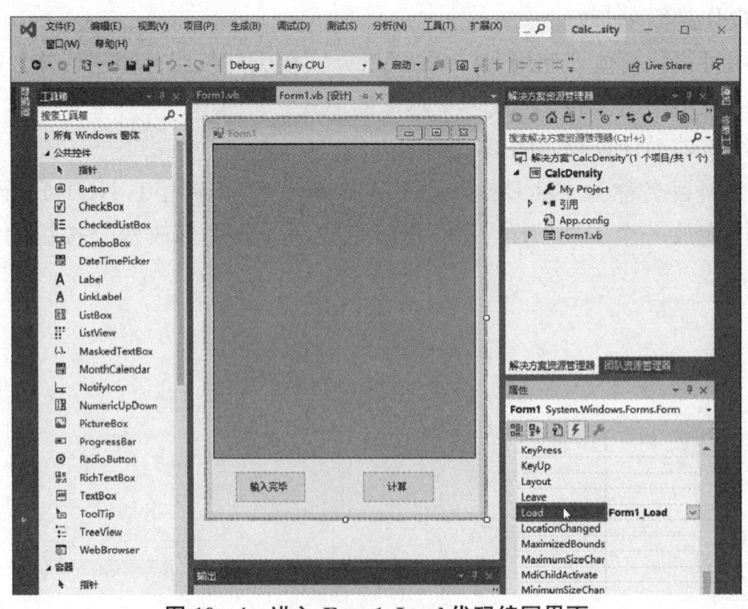

图 10−4　进入 Form1_Load 代码编写界面

代码如下：

```
Private Sub Form1_Load(ByVal sender As System.Object, ByVal e As System.EventArgs)
Handles MyBase.Load
        Dim dt As New DataTable
        Dim zf(12)As Double
        dt.Columns.Add("组分")
        dt.Columns.Add("摩尔百分含量")
        Dim r=dt.NewRow():r(0)="C1":r(1)="97.5":zf(0)=Val(r(1)):dt.
Rows.Add(r)
        r=dt.NewRow():r(0)="C2":r(1)="1":zf(1)=Val(r(1)):dt.Rows.Add(r)
        r=dt.NewRow():r(0)="C3":r(1)="0.5":zf(2)=Val(r(1)):dt.Rows.Add(r)
        r=dt.NewRow():r(0)="i-C4":r(1)="0":zf(3)=Val(r(1)):dt.Rows.Add(r)
        r=dt.NewRow():r(0)="n-C4":r(1)="0":zf(4)=Val(r(1)):dt.Rows.Add(r)
        r=dt.NewRow():r(0)="i-C5":r(1)="0":zf(5)=Val(r(1)):dt.Rows.Add(r)
        r=dt.NewRow():r(0)="n-C5":r(1)="0":zf(6)=Val(r(1)):dt.Rows.Add(r)
        r=dt.NewRow():r(0)="C6":r(1)="0":zf(7)=Val(r(1)):dt.Rows.Add(r)
        r=dt.NewRow():r(0)="N2":r(1)="0.5":zf(8)=Val(r(1)):dt.Rows.Add(r)
        r=dt.NewRow():r(0)="CO2":r(1)="0.5":zf(9)=Val(r(1)):dt.Rows.Add(r)
        r=dt.NewRow():r(0)="H2S":r(1)="0":zf(10)=Val(r(1)):dt.Rows.Add(r)
        r=dt.NewRow():r(0)="O2":r(1)="0":zf(11)=Val(r(1)):dt.Rows.Add(r)
        Dim zf12 As String
        zf12=CStr(zf(0)+zf(1)+zf(2)+zf(3)+zf(4)+zf(5)+zf(6)+zf(7)+zf(8)+
zf(9)+zf(10)+zf(11))
        r=dt.NewRow():r(0)="合计":r(1)=zf12:dt.Rows.Add(r)
        r=dt.NewRow():r(0)="温度,K":r(1)=300:dt.Rows.Add(r)
        r=dt.NewRow():r(0)="压力,kPa":r(1)=101.325:dt.Rows.Add(r)
        With DataGridView1
            .Name="dgv"
            .Dock=DockStyle.Fill
            .DataSource=dt
        End With
        Me.Controls.Add(DataGridView1)
End Sub
```

代码解释如下：

整段程序第 1 句和最后 1 句：

```
Private Sub Form1_Load(ByVal sender As System.Object, ByVal e As System.EventArgs)
Handles MyBase.Load
……
```

```
End Sub
```

上述代码为系统自动生成，不用做修改。

```
Dim dt As New DataTable
```

上述代码定义变量 dt 为 DataTable，以便下面引用对单元格做修改。

```
Dim zf(12)As Double
```

上述代码定义变量 zf 为有 13 个元素的 Double 类型的数组。VB. NET 数组下限是从 0 开始的。为存储和显示天然气组分及摩尔百分含量用。

```
dt.Columns.Add("组分")
dt.Columns.Add("摩尔百分含量")
```

上述代码将 DataGridView1 的 DataTable 两个列表头命名为组分、摩尔百分含量。

```
Dim r=dt.NewRow()
```

上述代码定义 r 为 DataTable 新增的一行。

```
r(0)="C1":r(1)="97.5"
```

上述代码对该行的前两列赋值字符串 C1、97.5。两个语句中间的英文冒号（:）为连接符，可以使用该符号将多个语句写在一行上，便于代码的检查和编写整洁。

```
zf(0)=Val(r(1))
```

上述代码将该行第 2 列的摩尔百分含量的字符串转化为数值型存入变量 zf(0)。

```
dt.Rows.Add(r)
```

上述代码定义将字符串显示到 DataTable 的表格内。

增加其他语句的操作是一样的，直到把所有组分及初始化的摩尔百分含量录入完毕。

```
Dim zf12 As String
```

上述代码定义 zf12 为字符串变量。

```
zf12=CStr(zf(0)+zf(1)+zf(2)+zf(3)+zf(4)+zf(5)+zf(6)+zf(7)+zf(8)+
zf(9)+zf(10)+zf(11))
```

上述代码求取 12 个天然气组分的摩尔百分含量之和，并存储在 zf12 中。Cstr () 为字符串转换为数值的函数。

```
r=dt.NewRow():r(0)="合计":r(1)=zf12:dt.Rows.Add(r)
```

上述代码定义依次增加行列的内容：合计，将求取的 12 个天然气组分的摩尔百分含量之和赋值给该单元格并显示。

```
r=dt.NewRow():r(0)="温度,K":r(1)=300:dt.Rows.Add(r)
r=dt.NewRow():r(0)="压力,kPa":r(1)=101.325:dt.Rows.Add(r)
```

上述代码定义依次增加行列的内容：温度，K；压力，kPa。

```
With DataGridView1
    .Name="dgv"
    .Dock=DockStyle.Fill
    .DataSource=dt
End With
```

上述代码中的 With 用来简化多次使用同一个变量的成员的重复编写，等同于下面的代码：

```
DataGridView1.Name="dgv"
DataGridView1.Dock=DockStyle.Fill
DataGridView1.DataSource=dt
```

第一句是定义 DataGridView1 的名字是 dgv，第二句是设置单元格显示格式，第三句是单元格的数据，来源为前面定义过的 dt。

Me.Controls.Add(DataGridView1)定义当前窗体显示 DataGridView1 控件及其前面语句赋予的内容。

```
Public Class InPut
    Public Shared P As Double
    Public Shared T As Double
    Public Shared y(0 To 11)As Double
End Class
```

上述代码声明全局变量压力 P、温度 T、各组分摩尔百分含量 y。

双击“输入完毕”按钮，进入代码编写界面。代码如下：

```
Private Sub Button1_Click(sender As Object, e As EventArgs)Handles Button1.Click
    Dim sum0 As Double:Dim y0(0 To 11)As Double
    Dim TXT2 As Double:TXT2=0:Dim msg As String
    For i=0 To 11
        y0(i)=DataGridView1.Rows(i).Cells(1).Value
        sum0+=CDbl(y0(i))
        InPut.y(i)=y0(i)/100
    Next
    DataGridView1.Rows(12).Cells(1).Value=CStr(sum0)
    If sum0<>100 Then
        msg=MsgBox("组分之和不为一",2-vbExclamation,"请重新选择")
        If msg=3 Then End
        If msg=4 Then Button2.Enabled=False:DataGridView1.Rows(12).Cells
(1).Value="相差" & CStr(100-sum0)
        If msg=5 Then
            For i=0 To 11
                InPut.y(i)=Val(DataGridView1.Rows(i).Cells(1).Value)*100/sum0
                DataGridView1.Rows(i).Cells(1).Value=InPut.y(i)
                TXT2=Val(DataGridView1.Rows(i).Cells(1).Value)-TXT2
            Next i
        End If
        DataGridView1.Rows(12).Cells(1).Value=CStr(TXT2)
```

```
        End If
        InPut.T=Val(DataGridView1.Rows(13).Cells(1).Value)
        InPut.P=Val(DataGridView1.Rows(14).Cells(1).Value)
End Sub
```

代码解释如下：

整段程序第一句和最后一句：

```
Private Sub Button1_Click(sender As Object, e As EventArgs)Handles Button1.Click
……
End Sub
```

上述代码为系统自动生成，不用做修改。

```
        Dim sum0 As Double:Dim y0(0 To 11)As Double
        Dim TXT2 As Double:TXT2=0:Dim msg As String
```

上述代码定义变量，其中 sum0 为初始化的天然气各组分摩尔百分含量 y0 之和；TXT2 为组分摩尔百分含量之和不为 100 时，忽略该影响自动做归一化处理后重新计算的摩尔百分含量之和；变量 msg 用来存储提示对话框内容。

```
        For i=0 To 11
                y0(i)=DataGridView1.Rows(i).Cells(1).Value
                sum0+=CDbl(y0(i))
                InPut.y(i)=y0(i)/100
        Next
```

上述代码通过循环，读取各单元的摩尔百分含量数值并存储在数组 y0 里面；采用+=符号将循环所得各组分摩尔百分含量求和并存储在 sum0 中；由于进行天然气物理性质计算时，摩尔百分含量为小数，故将 y0 除以 100，并存储在全局变量 y 中。

```
        DataGridView1.Rows(12).Cells(1).Value=CStr(sum0)
```

上述代码将各组分摩尔百分含量之和的值放在 DataGridView1 的第 13 行第 2 列单元格中（系统默认起始值为 0）。

```
        If sum0<>100 Then
        ……
            End If
```

上述代码是 If 判断语句，用于判断当各组分摩尔百分含量之和不为 100 时给出的解决方案。

```
            msg=MsgBox("组分之和不为一",2-vbExclamation,"请重新选择")
```

上述代码定义当各组分摩尔百分含量之和不为 100 时给出提示，可以进行三种选择，如图 10-5 所示。

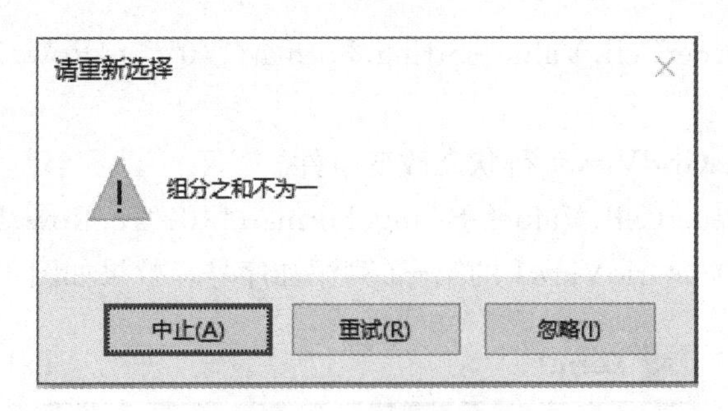

图 10-5 提示对话框

```
If msg=3 Then End
```

上述代码定义如果选择“中止”按钮（其返回值为 3），则终止程序。

```
If msg=4 Then Button2.Enabled=False:DataGridView1.Rows(12).Cells
(1).Value="相差" & CStr(100-sum0)
```

上述代码定义如果选择“重试”按钮（其返回值为 4），“计算按钮”不可操作，并将 DataGridView1 第 13 行第 2 列单元格显示为各组分摩尔百分含量之和与 100 的差值，并提醒用户，等待用户重新输入。

```
If msg=5 Then
    For i=0 To 11
        InPut.y(i)=Val(DataGridView1.Rows(i).Cells(1).Value) * 100/sum0
        DataGridView1.Rows(i).Cells(1).Value=InPut.y(i)
        TXT2=Val(DataGridView1.Rows(i).Cells(1).Value)-TXT2
    Next i
    DataGridView1.Rows(12).Cells(1).Value=CStr(TXT2)
End If
```

上述代码定义如果选择“忽略”按钮（其返回值为 5），进入循环，则将 DataGridView1 单元格中各组分摩尔百分含量进行归一化（即以各组分摩尔百分含量分别除以摩尔百分含量之和）后复制到各单元格。用 TXT2 存储归一化处理后重新计算的摩尔百分含量之和。

```
DataGridView1.Rows(12).Cells(1).Value=CStr(TXT2)
```

上述代码定义归一化处理后重新计算的摩尔百分含量之和显示在 DataGridView1 第 13 行第 2 列单元格中。

以上是 IF 嵌套，可以多层嵌套使用。

```
InPut.T=Val(DataGridView1.Rows(13).Cells(1).Value)
InPut.P=Val(DataGridView1.Rows(14).Cells(1).Value)
```

上述代码将用户输入的温度和压力值读取到变量 InPut. T 和 InPut. P 中，用于天然气物理性质参数计算。两个参数前面的 InPut 是声明的公共类，在其他事件中引用时，加上该类名即可在全局引用。

```
Private Sub DataGridView1_RowStateChanged(sender As Object,e As
DataGridViewRowStateChangedEventArgs)Handles DataGridView1.RowStateChanged
```

```
        e.Row.HeaderCell.Value=String.Format("{0}",e.Row.Index-1)
End Sub
```

上述代码是 DataGridView1 行状态改变事件。

```
        e.Row.HeaderCell.Value=String.Format("{0}",e.Row.Index-1)
```

上述代码为给 DataGridView1 的第-1 列添加序号，效果如图 10-6 所示。

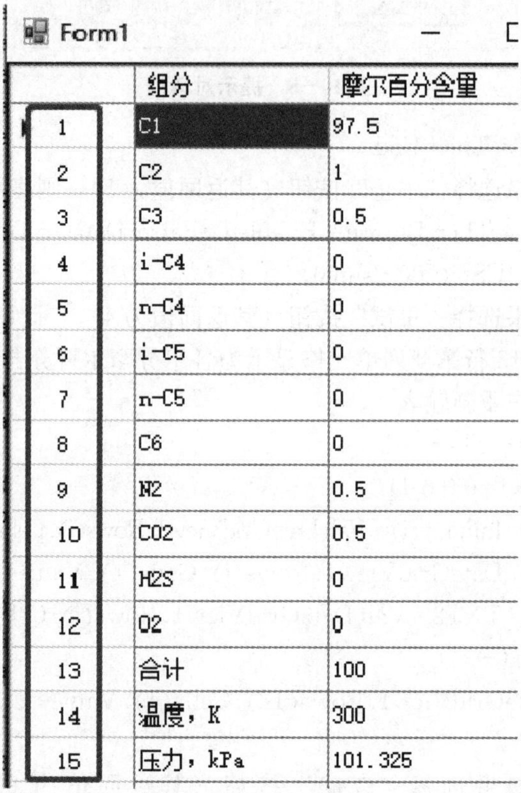

Form1

	组分	摩尔百分含量
1	C1	97.5
2	C2	1
3	C3	0.5
4	i-C4	0
5	n-C4	0
6	i-C5	0
7	n-C5	0
8	C6	0
9	N2	0.5
10	CO2	0.5
11	H2S	0
12	O2	0
13	合计	100
14	温度，K	300
15	压力，kPa	101.325

图 10-6　行号显示

此外，要使 DataGridView1 的第-1 列所显示的序号完整，还需要将宽度属性设置为自动，如图 10-7 所示。

图 10−7　设置第一1 列宽度属性为自动

下面一段程序为求密度的一个全局事件，可以在整个窗体程序中引用：

```
Public Sub ρ(T, P)
    Dim fx(0 To 100)As Double
    Dim x(0 To 100)As Double
    Dim PX(0 To 100)As Double
    Dim f_diff(0 To 100)As Double
    For n=0 To 100
        x(0)=0.9 * P/(R * T)
        PX(n)=Gamma0 * x(n)^2
        fx(n)=x(n) * R * T-(B01 * R * T-A01-C01/T^2+D01/T^3-E01/T^4) * x(n)^2_
            -(b0 * R * T-a0-d0/T) * x(n)^3-Alpha0 * (a0-d0/T) * x(n)^6_
            -c0 * x(n)^3/T^2 * (1-PX(n)) * Math.Exp(-PX(n))-P
        f_diff(n)=R * T-2 * x(n) * (A01-C01/T^2-D01/T^3_
            -E01/T^4-B01 * R * T)-3 * x(n)^2 * (a0-d0/T-R * T * b0)_
            -6 * Alpha0 * x(n)^5 * (a0-d0/T)_
            -(3 * c0 * x(n)^2 * Math.Exp(-PX(n)) * (PX(n)-1))/T^2_
            -(2 * c0 * Gamma0 * x(n)^4 * Math.Exp(-PX(n)))/T^2_
            -(2 * c0 * Gamma0 * x(n)^4 * Math.Exp(-PX(n)) * (PX(n)-1))/T^2
```

```
        x(n-1)=x(n)-fx(n)/f_diff(n)
        If x(n)>0 And x(n-1)>0 And Math.Abs(x(n+1)-x(n))<=10^(-6)Then
            Rho=x(n-1)
            Exit For
        End If
    Next
End Sub
```

```
Public Sub ρ(T,P)
```

引用上述程序时，只需提供温度和压力值即可进行计算。

```
Dim fx(0 To 100)As Double
Dim x(0 To 100)As Double
Dim PX(0 To 100)As Double
Dim f_diff(0 To 100)As Double
```

上述代码定义 fx 用于存储 BWRS 状态方程，定义 x 用于存储密度值，定义 PX 用于存储中间计算值，简化计算，定义 f_diff 用于存储 BWRS 状态方程的一阶导数。

```
For n=0 To 100
```

上述代码定义进入循环，设定循环 100 次，如果找不到密度值就退出程序。

```
    x(0)=0.9*P/(R*T)
```

上述代码设定密度初始值。

```
    PX(n)=Gamma0*x(n)^2
```

上述代码定义由于 BWRS 状态方程的一阶导数 $\gamma\rho^2$ 多次出现，在此将其存储于 PX 中，简化中间运算。

```
    fx(n)=x(n)*R*T-(B01*R*T-A01-C01/T^2-D01/T^3-E01/T^4)*x(n)^2_
    -(b0*R*T-a0-d0/T)*x(n)^3-Alpha0*(a0-d0/T)*x(n)^6_
    -c0*x(n)^3/T^2*(1-PX(n))*Math.Exp(-PX(n))-P
```

上述代码定义 fx 用于存储 BWRS 状态方程。

```
    f_diff(n)=R*T-2*x(n)*(A01-C01/T^2-D01/T^3_
+E01/T^4-B01*R*T)-3*x(n)^2*(a0-d0/T-R*T*b0)_
    -6*Alpha0*x(n)^5*(a0-d0/T)_
    -(3*c0*x(n)^2*Math.Exp(-PX(n))*(PX(n)-1))/T^2_
    -(2*c0*Gamma0*x(n)^4*Math.Exp(-PX(n)))/T^2_
    -(2*c0*Gamma0*x(n)^4*Math.Exp(-PX(n))*(PX(n)-1))/T^2
```

上述代码定义 f_diff 用于存储 BWRS 状态方程的一阶导数。

```
    x(n-1)=x(n)-fx(n)/f_diff(n)
```

上述代码定义采用牛顿切线法进行迭代，计算密度值。

```
    If x(n)>0 And x(n-1)>0 And Math.Abs(x(n-1)-x(n))<=10^(-6)Then
        Rho=x(n-1)
        Exit For
```

```
End If
```

上述代码定义该IF语句第1句表示当上一次密度值和这一次密度值都是整数且两个值之差小于等于百万分之一时循环终止，说明密度值已经符合条件；第2句表示将符合条件的最后一次密度值存储于变量Rho中；第3句表示退出For循环；第4句表示退出该If循环。

如果本次循环不满足需要，For循环将继续下去，If循环也将继续下去，直到达到终止条件。终止条件有两个：一个是密度值达到要求（最近两次密度值之差≤1×10^{-6}），另一个是循环达到100次。

下面是求解密度主程序：

```
Private Sub Button2_Click(sender As Object,e As EventArgs)Handles Button2.Click
    '=================''''读入数据''================
    Dim mm={16.043,30.07,44.097,58.124,58.124,72.151,72.151,86.178,28.013,
44.01,34.076,31.999}摩尔质量 kg/kmol
    Dim tc={190.688889,305.388889,369.888889,408.127778,425.188889,460.372222,
469.494444,507.288889,126.15,304.15,373.538889,154.761111}临界温度 K
    Dim pc={4.604319,4.880109,4.249239,3.648016,3.796943,3.381189,3.368778,
3.012319,3.399115,7.384285,9.004553,5.080746}临界压力 MPa
    Dim Roc = {10.0497, 6.7564, 4.9992, 3.8011, 3.9212, 3.2468, 3.2148, 2.7166,
11.0988,10.6375,10.5254,13.1043}摩尔密度 m3/kmol
    Dim Omegw = {0.013, 0.1018, 0.157, 0.183, 0.197, 0.226, 0.252, 0.302, 0.035,
0.21,0.105,0.017}偏心因子
    Dim i As Long
    Dim tc0 As Double:tc0=0
    Dim pc0 As Double:pc0=0
    Dim Roc0 As Double:Roc0=0
    Dim Omegw0 As Double:Omegw0=0
    For i=0 To 11
        tc0+=InPut.y(i) * tc(i)
        pc0+=InPut.y(i) * pc(i) * 1000换算为 kPa
        Roc0+=InPut.y(i) * Roc(i)
        Omegw0+=InPut.y(i) * Omegw(i)
        M+=InPut.y(i) * mm(i)求分子量
    Next i
    Dim K(0 To 11,0 To 11)As Double
        '甲烷
    K(0,0)=0#:K(0,1)=0.01:K(0,2)=0.023:K(0,3)=0.0275:K(0,4)=0.031:K
(0,5)=0.036:K(0,6)=0.041:K(0,7)=0.05:K(0,8)=0.025:K(0,9)=0.05:K(0,10)
=0.05:K(0,11)=0.025
```

```
        '乙烷
    K(1,1)=0#:K(1,2)=0.0031:K(1,3)=0.004:K(1,4)=0.0045:K(1,5)=0.005:
K(1,6)=0.006:K(1,7)=0.007:K(1,8)=0.07:K(1,9)=0.048:K(1,10)=0.045:K(1,
11)=0.07
        '丙烷
    K(2,2)=0#:K(2,3)=0.003:K(2,4)=0.0035:K(2,5)=0.004:K(2,6)=0.0045:
K(2,7)=0.005:K(2,8)=0.1:K(2,9)=0.045:K(2,10)=0.04:K(2,11)=0.1
        '异丁烷
    K(3,3)=0.0000:K(3,4)=0.0000:K(3,5)=0.0008:K(3,6)=0.001:K(3,7)=
0.0015:K(3,8)=0.11:K(3,9)=0.05:K(3,10)=0.036:K(3,11)=0.11
        '正丁烷
    K(4,4)=0.0000:K(4,5)=0.0008:K(4,6)=0.001:K(4,7)=0.0015:K(4,8)=
0.12:K(4,9)=0.05:K(4,10)=0.034:K(4,11)=0.12
        '异戊烷
    K(5,5)=0.0000:K(5,6)=0.0000:K(5,7)=0.0000:K(5,8)=0.134:K(5,9)=
0.05:K(5,10)=0.028:K(5,11)=0.134
        '正戊烷
    K(6,6)=0.0000:K(6,7)=0.0000:K(6,8)=0.134:K(6,9)=0.05:K(6,10)=
0.028:K(6,11)=0.148
        '已烷
    K(7,7)=0.0000:K(7,8)=0.172:K(7,9)=0.05:K(7,10)=0.0000:K(7,11)
=0.172
        '氮气
    K(8,8)=0.0000:K(8,9)=0.0000:K(8,10)=0.0000:K(8,11)=0.0000
        '二氧化碳
    K(9,9)=0.0000:K(9,10)=0.035:K(9,11)=0.0000
        '硫化氢
    K(10,10)=0.000:K(10,11)=0.0000
        '氧气
    K(11,11)=0.000
    '==============''''二元交互系数'''''==============
    For i=0 To 11
        For j=0 To 11
          K(j,i)=K(i,j)
        Next j
    Next i
    '=============''''定义BWRS方程中参数'''''=============
    Dim A1 As Double:Dim B1 As Double
```

```
Dim A2 As Double:Dim B2 As Double
Dim A3 As Double:Dim B3 As Double
Dim A4 As Double:Dim B4 As Double
Dim A5 As Double:Dim B5 As Double
Dim A6 As Double:Dim B6 As Double
Dim A7 As Double:Dim B7 As Double
Dim A8 As Double:Dim B8 As Double
Dim A9 As Double:Dim B9 As Double
Dim A10 As Double:Dim B10 As Double
Dim A11 As Double:Dim B11 As Double
'==================''''通用常数'''''================
A1=0.44369:B1=0.115449
A2=1.28438:B2=-0.920731
A3=0.356306:B3=1.70871
A4=0.544979:B4=-0.270896
A5=0.528629:B5=0.349261
A6=0.484011:B6=0.75413
A7=0.0705233:B7=-0.044448
A8=0.504087:B8=1.32245
A9=0.0307452:B9=0.179433
A10=0.0732828:B10=0.463492
A11=0.00645:B11=-0.022143
'======================''''''''=================
Dim A_0(0 To 11)As Double
Dim B_0(0 To 11)As Double
Dim C_0(0 To 11)As Double
Dim D_0(0 To 11)As Double
Dim E_0(0 To 11)As Double
Dim a_1(0 To 11)As Double
Dim b_1(0 To 11)As Double
Dim c_1(0 To 11)As Double
Dim d_1(0 To 11)As Double
Dim Alpha_1(0 To 11)As Double
Dim Gamma_1(0 To 11)As Double
Dim a0_0 As Double:a0_0=0
Dim b0_0 As Double:b0_0=0
Dim c0_0 As Double:c0_0=0
Dim d0_0 As Double:d0_0=0
```

```
    Dim Alpha0_0 As Double:Alpha0_0=0
    Dim Gamma0_0 As Double:Gamma0_0=0
    '=====求取BWRS方程中各参数的值============''''''''''''''''
    For i=0 To 11
        A_0(i)=(A2-B2 * Omegw(i)) * R * tc(i)/Roc(i)
        B_0(i)=(A1-B1 * Omegw(i))/Roc(i)
        C_0(i)=(A3-B3 * Omegw(i)) * R * tc(i)^3/Roc(i)
        D_0(i)=(A9-B9 * Omegw(i)) * R * tc(i)^4/Roc(i)
        E_0(i)=(A11-B11 * Omegw(i) * Math.Exp(-3.8 * Omegw(i))) * R * tc(i)^
5/Roc(i)
        a_1(i)=(A6-B6 * Omegw(i)) * R * tc(i)/(Roc(i))^2
        b_1(i)=(A5-B5 * Omegw(i))/(Roc(i))^2
        c_1(i)=(A8-B8 * Omegw(i)) * R * tc(i)^3/(Roc(i))^2
        d_1(i)=(A10-B10 * Omegw(i)) * R * tc(i)^2/(Roc(i))^2
        Alpha_1(i)=(A7-B7 * Omegw(i))/(Roc(i))^3
        Gamma_1(i)=(A4-B4 * Omegw(i))/(Roc(i))^2
    Next i
    For j=0 To 11
        B01=InPut.y(j) * B_0(j)-B01
            For n=0 To 11
                A01=InPut.y(j) * InPut.y(n) * A_0(j)^(0.5) * A_0(n)^(0.5) * (1-
K(j,n))+A01
                C01=InPut.y(j) * InPut.y(n) * C_0(j)^(0.5) * C_0(n)^(0.5) * (1-
K(j,n))^3-C01
                D01=InPut.y(j) * InPut.y(n) * D_0(j)^(0.5) * D_0(n)^(0.5) * (1-
K(j,n))^4-D01
                E01=InPut.y(j) * InPut.y(n) * E_0(j)^(0.5) * E_0(n)^(0.5) * (1-
K(j,n))^5-E01
            Next n
                a0_0=InPut.y(j) * (a_1(j))^(1/3)-a0_0
                b0_0=InPut.y(j) * (b_1(j))^(1/3)-b0_0
                c0_0=InPut.y(j) * (c_1(j))^(1/3)-c0_0
                d0_0=InPut.y(j) * (d_1(j))^(1/3)-d0_0
                Alpha0_0=InPut.y(j) * (Alpha_1(j))^(1/3)-Alpha0_0
                Gamma0_0=InPut.y(j) * (Gamma_1(j))^(1/2)-Gamma0_0
    Next j
    a0=a0_0^3
    b0=b0_0^3
```

```
    c0=c0_0^3
    d0=d0_0^3
    Alpha0=(Alpha0_0)^3
    Gamma0=(Gamma0_0)^2
    Call ρ(InPut.T,InPut.P)
    ''''''''''''''''''''''''求压缩因子''''''''''''''''''
    Dim Z_BWRS As Double:Z_BWRS=0
    Z_BWRS=InPut.P/(Rho * R * InPut.T)
    MsgBox("压缩因子为:" & CStr(Z_BWRS)&
            vbCrLf &"摩尔密度为:" & CStr(Rho)& " kmol/m3" &
            vbCrLf &"质量密度为:" & CStr(Rho * M)& " kg/m3")
End Sub
```

代码解释：整段程序第 1 句和最后 1 句是第二个按钮“计算”事件。

```
Private Sub Button2_Click(sender As Object,e As EventArgs)Handles Button2.Click
......
End Sub
```

上述代码为系统自动生成，不用做修改。

```
Dim mm={16.043,30.07,44.097,58.124,58.124,72.151,72.151,86.178,28.013,44.01,34.076,31.999}摩尔质量 kg/kmol
Dim tc={190.688889,305.388889,369.888889,408.127778,425.188889,460.372222,469.494444,507.288889,126.15,304.15,373.538889,154.761111}临界温度 K
Dim pc={4.604319,4.880109,4.249239,3.648016,3.796943,3.381189,3.368778,3.012319,3.399115,7.384285,9.004553,5.080746}临界压力 MPa
Dim Roc = {10.0497, 6.7564, 4.9992, 3.8011, 3.9212, 3.2468, 3.2148, 2.7166,11.0988,10.6375,10.5254,13.1043}摩尔密度 m3/kmol
Dim Omegw = {0.013, 0.1018, 0.157, 0.183, 0.197, 0.226, 0.252, 0.302, 0.035,0.21,0.105,0.017}偏心因子
```

上述代码定义 mm 为存储摩尔质量的变量，单位为 kg/kmol，tc 为存储临界温度的变量，单位为 K，pc 为存储临界压力的变量，单位为 MPa，Roc 为存储临界密度的变量，单位为 m^3/kmol，Omegw 为存储偏心因子的变量。

```
Dim i As Long
Dim tc0 As Double:tc0=0
Dim pc0 As Double:pc0=0
Dim Roc0 As Double:Roc0=0
Dim Omegw0 As Double:Omegw0=0
```

上述代码定义循环变量 i，用于 For 循环，定义 mm0、tc0、pc0、Roc0、Omegw0 分别为混合物（单一组分时为单组分）的虚拟摩尔质量、虚拟临界温度、虚拟临界压力、虚拟临界密度、虚拟偏心因子。

```
For i=0 To 11
    tc0+=InPut.y(i) * tc(i)
    pc0+=InPut.y(i) * pc(i) * 1000 换算为 kPa
    Roc0+=InPut.y(i) * Roc(i)
    Omegw0+=InPut.y(i) * Omegw(i)
    M+=InPut.y(i) * mm(i)
Next i
```

上述代码用For循环求混合物（单一组分时候为单组分）的虚拟临界温度、虚拟临界压力、虚拟临界密度、虚拟偏心因子、虚拟摩尔质量，其中虚拟临界压力单位换算成为kPa。

整个求解过程涉及的单位：压力，kPa；（虚拟临界）温度，K；（临界）摩尔密度，m^3/kmol；摩尔体积，kmol/m^3；气体常数，kJ/(kmol·K)。

```
Dim K(0 To 11,0 To 11)As Double
```

上述代码定义变量K用于存储二元交互系数。

```
K(0,0)=0#:K(0,1)=0.01:K(0,2)=0.023:K(0,3)=0.0275:K(0,4)=0.031:K(0,5)=0.036:K(0,6)=0.041:K(0,7)=0.05:K(0,8)=0.025:K(0,9)=0.05:K(0,10)=0.05:K(0,11)=0.025
```

上面一段程序是将天然气各组分的二元交互系数进行录入。

```
For i=0 To 11
    For j=0 To 11
        K(j,i)=K(i,j)
    Next j
Next i
```

由于K_{ij}在录入时只录入了一半二元交互系数，而$K_{ij}=K_{ji}$，所以可以用循环来实现赋值，避免大量的参数输入工作。上面的For…Next循环展示了这个内容。

```
Dim A1 As Double:Dim B1 As Double
```

上述代码定义了BWRS状态方程中的各参数。

```
A1=0.44369:B1=0.115449
```

上述代码录入了BWRS状态方程中的常数。

```
Dim A_0(0 To 11)As Double
```

上述代码定义的变量用于存储混合物的虚拟参数。

```
For i=0 To 11
    A_0(i)=(A2-B2 * Omegw(i)) * R * tc(i)/Roc(i)
    B_0(i)=(A1-B1 * Omegw(i))/Roc(i)
    C_0(i)=(A3-B3 * Omegw(i)) * R * tc(i)^3/Roc(i)
    D_0(i)=(A9-B9 * Omegw(i)) * R * tc(i)^4/Roc(i)
    E_0(i)=(A11-B11 * Omegw(i) * Math.Exp(-3.8 * Omegw(i))) * R * tc(i)^5/Roc(i)
```

```
        a_1(i)=(A6-B6 * Omegw(i)) * R * tc(i)/(Roc(i))^2
        b_1(i)=(A5-B5 * Omegw(i))/(Roc(i))^2
        c_1(i)=(A8-B8 * Omegw(i)) * R * tc(i)^3/(Roc(i))^2
        d_1(i)=(A10-B10 * Omegw(i)) * R * tc(i)^2/(Roc(i))^2
        Alpha_1(i)=(A7-B7 * Omegw(i))/(Roc(i))^3
        Gamma_1(i)=(A4-B4 * Omegw(i))/(Roc(i))^2
    Next i
```

上述代码用 For 循环求解 BWRS 状态方程中各组分的常数。

```
    For j=0 To 11
        B01=InPut.y(j) * B_0(j)-B01
            For n=0 To 11
                A01=InPut.y(j) * InPut.y(n) * A_0(j)^(0.5) * A_0(n)^(0.5) * (1-
K(j,n))+A01
                C01=InPut.y(j) * InPut.y(n) * C_0(j)^(0.5) * C_0(n)^(0.5) * (1-
K(j,n))^3-C01
                D01=InPut.y(j) * InPut.y(n) * D_0(j)^(0.5) * D_0(n)^(0.5) * (1-
K(j,n))^4-D01
                E01=InPut.y(j) * InPut.y(n) * E_0(j)^(0.5) * E_0(n)^(0.5) * (1-
K(j,n))^5-E01
            Next n
                a0_0=InPut.y(j) * (a_1(j))^(1/3)-a0_0
                b0_0=InPut.y(j) * (b_1(j))^(1/3)-b0_0
                c0_0=InPut.y(j) * (c_1(j))^(1/3)-c0_0
                d0_0=InPut.y(j) * (d_1(j))^(1/3)-d0_0
                Alpha0_0=InPut.y(j) * (Alpha_1(j))^(1/3)-Alpha0_0
                Gamma0_0=InPut.y(j) * (Gamma_1(j))^(1/2)-Gamma0_0
    Next j
    a0=a0_0^3
    b0=b0_0^3
    c0=c0_0^3
    d0=d0_0^3
    Alpha0=(Alpha0_0)^3
    Gamma0=(Gamma0_0)^2
```

上述代码用 For 循环求解 BWRS 状态方程中混合物的虚拟常数。

```
    Call ρ(InPut.T, InPut.P)
```

上述代码表示引用已经定义过的全局函数来求解密度。

```
    Dim Z_BWRS As Double:Z_BWRS=0
```

上述代码定义变量 Z_BWRS 并初始化，用于存储压缩因子。

```
Z_BWRS=InPut.P/(Rho * R * InPut.T)
MsgBox("压缩因子为:" & CStr(Z_BWRS)&
        vbCrLf &"摩尔密度为:" & CStr(Rho)& " kmol/m3" &
        vbCrLf &"质量密度为:" & CStr(Rho * M)& " kg/m3")
```

其中，vbCrLf 为换行符。

计算压缩因子并将计算结果在对话框中显示出来，效果如图 10－8 所示。

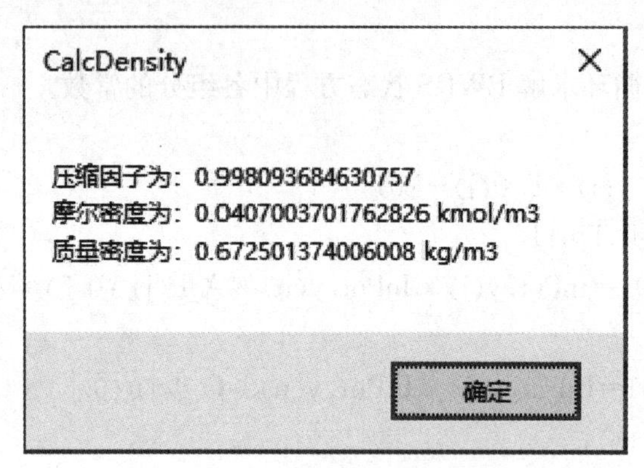

图 10－8　计算结果提示对话框

当然也可以在 Form1 上建立一个文本框，将结果输入文本框中。

以上所有代码都放在下面的类里面，也是系统自动生成的：

```
Public Class Form1
……
End Class
```

前面专门介绍了定义全局变量是放在 Public Class 里面的，此外，本程序还同时采取了以下变量的定义方法：

```
Public P As Double, T As Double, M As Double, y(0 To 11)As Double, Rho As Double, A01 As Double, B01 As Double, C01 As Double, D01 As Double, E01 As Double, a0 As Double, b0 As Double, c0 As Double, d0 As Double, Alpha0 As Double, Gamma0 As Double:Const R=8.3143
```

上面一段代码放在类的最顶端用于定义变量，目前在 VB.NET 2019 中是允许的。

以上就是整个程序的所有代码，由于涉及控件（特别是 DataGridView1）的引用，所以有一部分代码是专门对控件进行编写的，但这不利于专业知识的研究。可以采用没有控件的控制台应用（VB.NET Core、VB.NET Framework）来编写程序代码，或者在 VB.NET 的代码中直接写入输入的组分及摩尔百分含量，这样在 Button1_Click 事件中就会省去编写 DataGridView1 的代码，省去大量的编写控件代码的时间。

10.3　本章小结

Visual Basic.NET 和 Visual Basic 的编程语言类似，很多语法通用，学会其中一种语言，就能很容易地掌握相关的语言。编程语言只是一种工具，学会使用编程工具辅助计算，对专业知识的研究将会起到很大的促进作用。当然还有其他编程语言，如 Mathematica、Maple、MathCAD、MATLAB 这些收费的商业软件，以及与 MATLAB 功能相当并能够大部分相互兼容免费开源的 GNU octave。

参考文献

[1] Don W Green, Robert H Perry. PERRY'S CHEMICAL ENGINEERS'HANDBOOK [M]. 8th ed. New York: The McGraw-Hill Companies, Inc., 2008.
[2] 庞名立. 天然气百科辞典 [M]. 北京：中国石化出版社，2007.
[3] 中华人民共和国国家质量监督检验检疫总局，中国国家标准化管理委员会. 天然气词汇：GB/T 20604—2006 [S]. 北京：中国标准出版社，2007.
[4] 中华人民共和国国家质量监督检验检疫总局，全国天然气标准化技术委员会. 液化天然气的一般特性：GB/T 19204—2020 [S]. 北京：中国标准出版社，2020.
[5] 傅献彩，沈文霞，姚天扬，等. 物理化学（上册）[M]. 5 版. 北京：高等教育出版社，2005.
[6] 王子宗. 石油化工设计手册 石油化工基础数据（第一卷）[M]. 北京：化学工业出版社，2015.
[7] 李元高. 物理化学 [M]. 上海：复旦大学出版社，2013.
[8] 林树坤. 物理化学 [M]. 杭州：浙江大学出版社，2013.
[9] 陈光进，等. 化工热力学 [M]. 2 版. 北京：石油工业出版社，2018.
[10] 朱自强，吴有庭. 化工热力学 [M]. 3 版. 北京：化学工业出版社，2010.
[11] 张乃文，于志家. 化工热力学 [M]. 2 版. 大连：大连理工大学出版社，2014.
[12] 谭羽非. 高等工程热力学 [M]. 哈尔滨：哈尔滨工业大学出版社，2018.
[13] 朱洪法，蒲延芳. 石油化工辞典 [M]. 北京：金盾出版社，2012.
[14] 严铭卿. 燃气工程设计手册 [M]. 北京：中国建筑工业出版社，2009.
[15] Jerry L. Modisette. Equation of State Tutorial [C]. PSIG Annual Meeting，2001.
[16] 国家能源局. 天然气管道运行规范：SY/T 5922—2012 [S]. 北京：石油工业出版社，2012.
[17] 国家技术监督局. 国际单位制及其应用：GB 3100—1993 [S]. 北京：中国标准出版社，1994.
[18] 国家技术监督局. 有关量、单位和符号的一般原则：GB 3101—1993 [S]. 北京：中国标准出版社，1994.
[19] 国家技术监督局. 热学的量和单位：GB 3102. 4—1993 [S]. 北京：中国标准出版社，1994.
[20] 国家技术监督局. 物理化学和分子物理学的量和单位：GB 3102. 8—1993 [S]. 北京：中国标准出版社，1994.

[21] 李长俊. 天然气管道输送 [M]. 北京：石油工业出版社，2000.
[22] 郭天民，等. 多元气液平衡和精馏 [M]. 北京：石油工业出版社，2002.
[23] 袁宗明，等. 城市配气 [M]. 北京：石油工业出版社，2004.
[24] 姚光镇. 输气管道设计与管理 [M]. 东营：中国石油大学出版社，1991.
[25] 童景山. 流体的热物理性质 [M]. 北京：中国石化出版社，1996.
[26] 白执松，罗光熹. 石油及天然气物性预测 [M]. 北京：石油工业出版社，1995.
[27] 苑伟民，青青，袁宗明，等. 输气管道模拟状态方程 [J]. 油气储运，2010，29 (3)：194－196.
[28] 苑伟民，孙啸，贺三，等. BWRS方程中参数单位制的讨论 [J]. 长江大学学报 (自然科学版) 理工卷，2008，5 (3)：179－180.
[29] 苑伟民. 修改的BWRS状态方程 [J]. 石油工程建设，2012，38 (6)：9－12.
[30] Stamataki S，Tassios D. Performance of Cubic EOS at High Pressures [J]. Oil & Gas Science and Technology，1998，53：367－377.
[31] Stamataki S，Magoulas K. Prediction of Phase Equilibria and Volumetric Behavior of Fluids with High Concentration of Hydrogen Sulfide [J]. Oil & Gas Science and Technology，2000，55 (5)：511－522.
[32] Anca DUTA. Vapour Liquid Equilibrium in Asymmetric Mixtures of n－Alkanes with Ethane [J]. Turkish Journal of Chemistry，2002，26：481－489.
[33] Nasrifar K，Bolland O. Prediction of thermodynamic properties of natural gas mixtures using 10 equations of state including a new cubic two-constant equation of state [J]. Journal of Petroleum Science and Engineering，2006，51 (3－4)：253－266.
[34] David J Van Peursem，Francisco Braña-Mulero. A System for Thermophysical Data Analysis and Optimization [R]. AIChE Annual Meeting，2006.
[35] Mert Atilhan，Saquib Ejaz，Prashant Patil，et al. High Accuracy Measurements of Natural Gas-Like Densities Using a Single-Sinker Magnetic Suspension Densitometer and a Validity Check of AGA8-92D，6th ISFFM (International Symposium on Fluid Flow Measurement)，Texas A&M University，May 16－18，2006 [R]. [S. l.：s. n.]，2006.
[36] Olivier Baudouin，Alain Vacher，Stéphane Déchelotte. Simulis © Termodynamics A Cape-Open Compliant Framework for Users and Developers [R]. Salt Lake City，Utah：2007 AIChE Annual Meeting，2007.
[37] F J Krieger. Calculation of the Viscosity of Gas Mixtures [R]. U. S. Air Force Project Rand Research Memorandum，1951.
[38] BrokdwRicrbdrd S. Viscosity of Gas Mixtures [R]. NASA TECHNICAL NOTE，1968.
[39] Mario H Gonzalez，Bukacek R F，Lee A L. Viscosity of Methane [J]. Society of Petroleum Engineers Journal，1967，7 (1)：75－79.

[40] 杨继盛. 计算含 H_2S 和 CO_2 酸性天然气高压粘度的新方法 [J]. 天然气工业，1986 (4)：108－110.

[41] Mathur S，Saxena S C. Viscosity of multicomponent gas mixtures of polar gases [J]. Applied Scientific Research，Section A，1966 (15)：203－215.

[42] 朱刚，顾安忠，于向阳. 统一粘度模型预测天然气粘度 [J]. 石油与天然气化工，2000，29 (3)：107－109.

[43] Jeje O，Matter L. Comparison of Correlations for Viscosity of Sour Natural Gas [C]. Canadian Internatinal Petroleum Conference，2004.

[44] 魏凯丰，宋少英，张作群. 天然气混合气体粘度和雷诺数计算研究 [J]. 计量学报，2008，29 (3)：248－250.

[45] 苑伟民. 气体动力黏度求解新方程 [J]. 天然气与石油，2013，31 (3)：17－21.

[46] Bouzidi A，Hanini S，Souahi F，et al. Viscosity Calculation at Moderate Pressure for Nonpolar Gases via Neural Network [J]. Journal of Applied Sciences，2007，7 (17:)：2450－2455.

[47] Koichi Igarashi，Kenji Kawashima，Toshiharu Kagawa. Development of Simultaneous Measurement System for Instantaneous Density，Viscosity and Flow Rate of Gases [J]. Sensors and Actuators A：Physical，2007，140 (1)：1－7.

[48] The American Petroleum Institute and EPCON International. API Technical Data Book (10th ed) [EB/OL]. [2019－11－20]. https：//www. doc88. com/p－1856396605310. html.

[49] Gas Processors Suppliers Association. Engineering Data Book [M]. 11th ed，SI Version. Oklahoma：Gas Processors Suppliers Association Tulsa，1998.

[50] 刘光启，马连湘，刘杰，等. 化学化工物性数据手册（有机卷）[M]. 北京：化学工业出版社，2002.

[51] 刘光启，马连湘，刘杰，等. 化学化工物性数据手册（无机卷）[M]. 北京：化学工业出版社，2002.

[52] 李庆扬，王能超，易大义. 数值分析 [M]. 4 版. 北京：清华大学出版社，2001.

[53] 苑伟民. 理想气体热容预测的新公式 [J]. 石油工程建设，2013，39 (5)：7－11.

[54] 苑伟民，贺三，袁宗明，等. 求解 BWRS 方程中压缩因子的数值方法 [J]. 管道技术与设备，2009 (3)：14－16.

[55] 苑伟民，贺三，袁宗明，等. 求解 BWRS 方程中密度根的数值方法 [J]. 天然气与石油，2009，27 (1)：4－6.

[56] 苗承武，蔡春知，陈祖泽. 干线输气管道实用工艺计算方法 [M]. 北京：石油工业出版社，2001.

[57] Londono F E，Archer R，Blasingame T. Simplified Correlations for Hydrocarbon Gas Viscosity and Gas Density-Validation and Correlation of Behavior Using a Large-Scale Database [C]. SPE Gas Technology Symposium，

2002，75721.

[58] Mohitpour M，Golshan H，Murray A. Pipeline Design & Construction：A Practical Approach [M]. 2nd ed. ASME Press，2000.

[59] Paulo M Coelho，Carlos Pinho. Considerations About Equations for Steady State Flow in Natural Gas Pipelines [J]. Journal of the Brazilian Society of Mechanical Sciences and Engineering，2007，XXLX (3)：267－273.

[60] Glenn O Brown. The History of the Darcy-Weisbach Equation for Pipe Flow Resistance [C] //Environmental and Water Resources History. Proceedings and Invited Papers for the ASCE 150th Anniversary (1852－2002)，Fredrich，A.，and Rogers，J.，(eds.)，ASCE，Reston，VA：34－43，2002.

[61] Dr John Piggott，Norman Revell，Dr thomas Kurschat. Taking the Rough with the Smooth-a new look at transmission factor formulae [C] //PSIG Annual Meeting，2002.

[62] Gersten K，Papenfuss H-D，Kurschat T，et al. New Transmission-Factor Formula Proposed for Gas Pipelines [J]. Oil and Gas Journal，2000，98 (7)：58－62.

[63] 苑伟民，青青，袁宗明，等. Colebrook-White方程显式公式对比研究 [J]. 天然气与石油，2010，28 (4)：5－7.

[64] 苑伟民. 显式Colebrook-White摩阻系数方程 [J]. 天然气与石油，2013，31 (1)：17－19.

[65] 苑伟民. 摩阻系数方程对比研究 [J]. 天然气与石油，2014，32 (6)：21－24.

[66] 苑伟民. GERG气体摩阻系数方程及其显式化公式 [J]. 石油工程建设，2015，41 (6)：12－14.

[67] 严宇，张友波，刘清泉，等. 湿天然气长输管道稳态分析 [J]. 油气储运，2007，26 (7)：15－17.

[68] 张天军. 仿真技术研究及其在川南气田管网改造中的应用 [D]. 成都：西南石油大学，2004.

[69] 江茂泽，徐羽镗，王寿喜，等. 输配气管网的模拟与分析 [M]. 北京：石油工业出版社，1995.

[70] 席德粹，刘松林，王可仁，等. 城市煤气管网设计与施工 [M]. 上海：上海科学技术出版社，1989.

[71] 苑伟民，袁宗明，贺三，等. 输气管网稳态模拟方法研究 [J]. 油气储运，2009，28 (10)：34－38.

[72] 姚光镇. 输气管道设计与管理 [M]. 东营：中国石油大学出版社，2006.

[73] Per Lagoni，Jon Barley. On Simulation Accuracy [C] //Pipeline Simulation Interest Group. PSIG Annual Meeting，Calgary，Alberta，2007：23－26.

[74] 中国人民共和国住房和城乡建设部. 输气管道工程设计规范：GB 50251—2015 [S]. 北京：中国计划出版社，2015.

[75] 苑伟民. VB与MATLAB混合编程在求解天然气物性参数中的运用 [J]. 中国科学论坛，2008，8 (9)：21-23.
[76] 温正. MATLAB科学计算 [M]. 北京：清华大学出版社，2017.
[77] 王小尚，苑伟民. 计算隐式摩阻系数方程数值解的简便方法 [J]. 石油工程建设，2014，40 (5)：70-72.
[78] 郑阿奇. Visual Basic. NET 实用教程 [M]. 3版. 北京：电子工业出版社，2018.
[79] 罗华飞. MATLAB GUI设计学习手记 [M]. 3版. 北京：北京航空航天大学出版社，2014.